写给孩子的金字塔原理

白日歌 编著

远方出版社

图书在版编目（CIP）数据

写给孩子的金字塔原理 / 白日歌编著 . -- 呼和浩特：远方出版社，2022.12
ISBN 978-7-5555-1766-5

Ⅰ . ①写… Ⅱ . ①白… Ⅲ . ①能力培养—青少年读物 Ⅳ . ① B848.2-49

中国版本图书馆 CIP 数据核字 (2022) 第 235977 号

写给孩子的金字塔原理
XIE GEI HAIZI DE JINZITA YUANLI

编　　著	白日歌
责任编辑	蔺　洁
封面设计	小徐书装
版式设计	宋建忠
出版发行	远方出版社
社　　址	呼和浩特市乌兰察布东路 666 号　邮编 010010
电　　话	（0471）2236473 总编室　2236460 发行部
经　　销	新华书店
印　　刷	唐山富达印务有限公司
开　　本	880mm×1230mm　1/32
字　　数	87 千
印　　张	5.25
版　　次	2022 年 12 月第 1 版
印　　次	2023 年 2 月第 1 次印刷
标准书号	ISBN 978-7-5555-1766-5
定　　价	48.00 元

如发现印装质量问题，请与出版社联系调换

前 言

《写给孩子的金字塔原理》是一本有关逻辑思维的入门书籍。书中介绍了如何利用金字塔原理整理思路，在表达时能做到重点突出，逻辑清晰。

金字塔原理是西方人首先提出来的，内容繁复冗长，表达方式也更偏向于西方人的习惯，这无疑给我们的理解造成了很大的困难。而且市面上关于金字塔原理的文章或书籍大多缺少实际案例分析，常见的一些案例也多是 20 世纪与西方人职场相关的内容，无法给我们的学习提供有效的帮助。

其实，金字塔原理的内容并不复杂，只要辅以适当的案例进行讲述，即使是孩子也很容易理解，并且能够快速有效地学习、运用。因此，如何让这些道理变得通俗易懂，选择怎样的内容作为案例进行分析，就变得十分重要了。

因此，我们编写了这本《写给孩子的金字塔原理》。

目 录

第一章 初出茅庐：了解原理内容 / 001

第一节 为什么要学习金字塔原理 / 002

第二节 金字塔原理到底是什么 / 009

第三节 如何构建自己的金字塔 / 017

第二章 小有成就：提升语言表达能力 / 027

第一节 语言表达中的金字塔 / 028

第二节 学会讲好一个故事 / 036

第三节 掌握语言的节奏 / 045

第四节 让表达更有魅力 / 053

第三章 游刃有余：完善思维逻辑 / 063

第一节 演绎推理与归纳推理 / 064

第二节 思考要有顺序 / 077

001

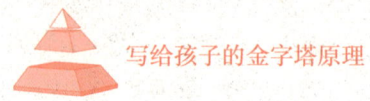 写给孩子的金字塔原理

　　第三节　按时间顺序思考 / 087

　　第四节　按照结构顺序思考 / 097

　　第五节　按程度顺序思考 / 105

第四章　大显身手：学会解决问题 / 113

　　第一节　解决问题的步骤 / 114

　　第二节　建立问题的框架 / 124

　　第三节　结构化分析问题 / 131

　　第四节　解决问题的最终方法 / 140

第五章　触类旁通：提高写作水平 / 149

　　第一节　让文字表达更加高效 / 150

　　第二节　用文字传递情感 / 157

第一章

初出茅庐：了解原理内容

　　金字塔原理是一个有效的工具，可以运用在我们生活中的许多方面。它能够让我们在语言表达、思考问题以及解决问题时，拥有更加出色的表现。

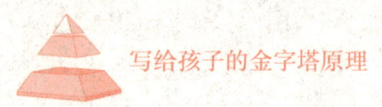

第一节　为什么要学习金字塔原理

在正式学习金字塔原理之前，我们一定要知道，为什么很多时候我们需要用金字塔原理帮助我们解决问题。这是非常关键的一步。

比如，有些时候我们听别人讲话，往往听了很长时间都不知道对方要表达什么；再比如，看别人写的作文，洋洋洒洒几百字，却看不到核心的思想；抑或是在解决问题时，经常没有头绪，不知道如何下手。其实这都是缺少金字塔原理的帮助所致。

因此，只有先了解金字塔原理是如何作用的，才能反过来更好地理解它的基本内容。

第一章 初出茅庐：了解原理内容

【听曹操讲故事】

我是曹操，字孟德，今天我想给大家讲一个我年轻时候的故事。

那年我为了挽救天下苍生，企图刺杀权臣董卓。可惜因为经验有限我没有刺杀成功，以至于被全国通缉。万幸的是，在逃亡途中，我遇到了一个叫陈宫的县令。他十分钦佩我，不仅没有把我抓起来，还跟着我一起踏上了逃亡之路。然而一天深夜，我带着他前往我叔叔吕伯奢家投宿，发生了一件意想不到的事情……

吕叔是看着我长大的，按理说应该不会告发我，但他的一些奇怪举动还是让我有些担心。跟我们聊天的时候，他好像总在盘算着什么，这让我有了不好的预感。果然，午夜时分，我隐约听到外面传来了刺耳的磨刀声，还有几个人的窃窃私语。

"先捆上，捆上就老实了。"

"对，要不然杀的时候，挣扎起来就不好办了。"

他们这是要杀我和陈宫呀！吕叔，枉我那么信任你！我当即拔出剑冲了出去，见到外面那些拿着尖刀和绳索的壮汉后，不等他们反应，手起刀落，将他们杀死。可也就是在这时，我看到后院竟然绑着一只待宰的肥猪。

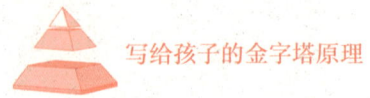
写给孩子的金字塔原理

原来他们是要杀猪款待我和陈宫,我竟杀了好人!

没办法,犯下大错的我只能带着陈宫逃离了吕叔的家,结果正巧遇到了回家的吕叔,只见他笑盈盈地对我们说道:"贤侄啊,我刚买了好酒回来,咱们好好喝点儿!"吕叔,你出去买酒,为什么不早告诉我?我还以为你是连夜出去报官了呢!

我在心中暗道,为了不让吕叔回到家里后看到家中的景象,我只能再次狠下心来,趁他不注意一刀杀了他。陈宫见我连杀这么多人,对我的行为非常厌恶,在我说出了那句"宁我负人,毋人负我"之后,便彻底跟我分道扬镳了。

【故事分析】

这是一个由误会引起的悲惨故事。究其原因,是曹操自身的多疑性格所致。曹操生性多疑,做事小心谨慎。当时听到那样的话,以曹操多疑的性格,做出先下手为强的事也就不足为怪了。

我们不妨来试着分析一下吕伯奢面对的情况。

1. 侄子曹操是朝廷通缉的逃犯,赏金极其诱人。
2. 曹操旅途劳顿,一直紧绷着神经,来到我家。
3. 曹操是一个谨慎多疑的人,遇事爱多想。

第一章 初出茅庐：了解原理内容

根据这三点信息，我们又能延伸出更多的内容。

4. 我要告诉曹操，我不会因为那点儿赏金就出卖他们。

5. 我要防止曹操神经太过紧张，陪在他们身边。

6. 曹操对我家并不熟悉，我要告知对他们的安排，打消他的疑虑。

通过以上内容，我们已经厘清了所有的信息，接下来就可以将类似的信息整合到一起，让思路变得更加清晰：

即1、2、3可总结为"曹操他们两个人很紧张"，4、5、6可总结为"我要让他们不紧张"。

经过简单的分析，我们不难发现，吕伯奢在对待来投奔他的曹操时，并没有好好思考要面对的情况，加之曹操还是一个性格十分复杂的人，最终导致了悲剧的发生。而实际上，刚才我们的一番分析，就是金字塔原理最基本的思考过程。

简单来说，就是先列出尽可能多的信息，然后再把信息归纳总结，将复杂纷乱的信息简单化，从而得出更加精简的内容，并以此来指导我们的行为。因此我们可

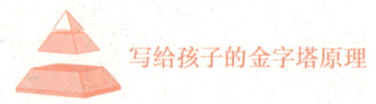

以得出结论,所谓金字塔原理,其实就是让我们在面对复杂的情况时,首先厘清自己的思路。

金字塔原理的作用

"想清楚,说明白,逻辑清晰,分析问题,并解决问题",是我们每个人都希望达到的境界。然而在生活中,我们所面对的人和事,往往是多种多样的,具体情况各不相同。那么有没有一种思维逻辑,能让我们完美地面对所有情况呢?

这个问题的答案是肯定的。熟练运用金字塔原理的思维逻辑,可以让我们在面对任何事情时都能快速得出一套完善的处理方案。不仅可以让我们解决所面对的问题,还能锻炼我们形成一种独特的思维模式。

实际上,金字塔原理之所以能如此有效,就是因为它是在事物的普遍性中,寻找并总结通用的规律和方法,这将是我们在未来生活中,处理问题的有效工具。

【生活中的案例】

暑假期间,你准备跟父母商量假期的学习计划。一方面你的语文成绩和数学成绩不够好,需要在假期巩固加强,另一方面你还想在假期学习一种乐器。可是假期

的时间非常有限,加上你还要完成假期作业,这让你十分苦恼。虽然学习成绩很重要,但你也想培养自己的兴趣爱好,这种情况下你应该如何选择?

【案例分析】

根据本节学习的内容,我们先试着把上述案例中所有的信息都列出来。

1. 假期时间有限,不能做所有想做的事情。

2. 我非常想学一种乐器。

3. 我需要提高自己的语文和数学成绩。

4. 假期作业会占用很大一部分时间。

接下来,我们再根据基本信息进行拓展,列出更多的信息。

5. 语文成绩可以通过多阅读来提高。

6. 数学知识可以通过认真完成假期作业巩固。

最后,根据以上信息,我们再将所有的内容整理到一起。

1、3、4、5、6可以总结为"提高语文和数学成绩可以不用报补习班"。

因此只考虑第2点,假期去学习一种乐器即可。

当然,这里只是针对案例内容所做的分析,如果真

的发生类似情况，我们还是要从实际情况出发，分析自己的实际情况，切不可生搬硬套。

【本节总结】

1. 金字塔原理的作用，是在我们处理问题时帮助我们整理思路。

2. 整理思路的过程，是通过对信息的罗列以及罗列后的总结完成的。

第一章 初出茅庐：了解原理内容

第二节 金字塔原理到底是什么

明白了为什么要学习金字塔原理之后，我们将正式踏上金字塔原理的学习之旅。在这一节中，我们会了解到金字塔原理的基本概念以及利用基本概念分析简单问题的思维逻辑。在了解了金字塔原理是什么的基础上，对其结构有一个初步的认识，以帮助我们在未来深入的学习中，拥有更清晰的学习思路。

换句话说，就是先了解整体，再细分每方面的具体内容。实际上，当你完整学习了金字塔原理之后，你会惊奇地发现，本书所讲的学习过程，正是基于金字塔原理的思维逻辑而进行的。

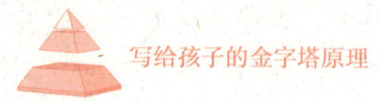

【听曹操讲故事】

我刚入朝廷时,大汉王朝已经十分混乱了,朝政由名为"十常侍"的宦官集团把持。尽管宦官的权力很大,却是一个被人鄙视的群体。

后来几经周折,我终于得到了一份还算不错的工作,即洛阳北部尉。我决心通过这份工作证明自己。

为了向世人证明我这个宦官家的孩子也可以刚正不阿,我刚一上任就开始整顿单位的各项事宜,设计了一套十分独特的"五色棒",专门用来处理那些违法乱纪的坏人。

事情的转折,恰恰就出现在了这里……

那天深夜,我带着手下拿着"五色棒"巡街,结果遇到了一个醉汉在街上闲逛,在汉朝,这可是违反法律的事。我急忙上前制止,没想到这个人的态度极其骄横,原来他是大宦官蹇硕的叔叔。

我身为洛阳北部尉,管的就是这样的人和事。我当即按照律法,让人用"五色棒"处死了这个人。

这件事之后,洛阳的大官们都感到非常震惊,家里也对我好一番批评,认为我得罪了权贵。不过通过此事,我也让很多人见识到了我的品性。

第一章 初出茅庐：了解原理内容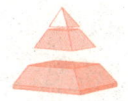

【故事分析】

这是一个在曹操年轻时发生的故事，其中曹操的智慧非常值得我们分析。我们不妨利用上一节学到的思考过程，先来简单分析一下曹操所面临的情况，并以此引出金字塔原理的基本概念。

1. 当时的宦官集团权力很大，但受人排挤。
2. 曹操出身宦官之家，不被官场认可。
3. 曹操得到了一份主管治安的工作。
4. 曹操的工作地点在洛阳，权贵众多。

初步梳理信息之后，我们继续根据每条信息进行分析，看看曹操应该如何解决面临的困境。

据"1"可得：5. 曹操需要跟自己的家庭划清界限。

据"2"可得：6. 曹操想要被官场认可。

据"3"可得：7. 曹操得到了展现自己的机会。

据"4"可得：8. 曹操的工作有可能得罪权贵。

乍一看目前得到的信息，对于曹操来说，似乎是一个很难改变的局面，每条信息都在向不利于他的方向发展。那么我们不妨试着用金字塔原理的思考过程，对罗列出来的信息，进行归纳总结。

结合"5"与"6"可得:展现刚正不阿的品格,和自己的宦官背景划清界限。

结合"7"与"8"可得:面对权贵要一视同仁,寻找展现自己的机会。

于是我们不难发现,最后的两点信息,其实也可以进一步归纳到一起,而这个结果就是故事中曹操解决困境的最终做法:

即通过对权贵阶层的一视同仁,展现自己刚正不阿的品格,获得官场的认可。

经过以上分析之后,我们再回过头来思考曹操的行为,便很容易发现,他其实一直在按照这个最终的结论指导着自己,从而脱离了家庭出身的不利影响,为后来的霸业奠定了基础。

金字塔原理的基本概念

1. 金字塔原理是一种重点突出,逻辑清晰,层次分明,简单易懂的思考方式。

将问题中所有可能出现的情况全部罗列出来。第一层信息都是我们可以直接获得的,第二层信息是结合第一层中的信息得出的,以此类推,形成一个信息的指导

过程。

2.金字塔原理内部的信息，是通过不断归纳分组，进行逻辑递进的。

在信息的总结过程中，每一层的信息都有可以结合的特征，存在一定的共性，并以此进行逻辑递进。这种共性既可以是内容上的相似，也可以是因果关系、时间关系或顺序关系的相同。

例如，在上文关于曹操的故事中，我们的信息归纳就是以因果关系为主要逻辑递进的。

3.金字塔原理的结构，是将信息逐步缩减，从而在脑海中形成一个金字塔形状的图像的思考过程。

当我们将繁杂的信息不断归纳总结时，每一次提炼的信息都会比之前的信息少很多，直到最后将所有的信息总结成一个相对精练的内容，整体上呈现金字塔形状。

4.金字塔原理的使用方式，是自下而上的思考与自上而下的执行。

在金字塔的搭建过程中，自下而上的信息归纳，让我们分析出当下的核心思想。而在金字塔搭建完成后，我们就可以按照最上层的信息，指导我们的行为，达到

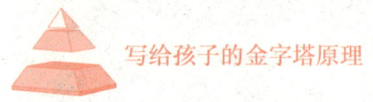

解决问题的效果。

例如,在曹操的故事中,他一开始就制作了"五色棒",这就是按照最终的思考结果进行的行为,属于自上而下的执行。

【生活中的案例】

假设你的父母布置给你一项任务,让你看一看家里缺少哪些日用品,并列出清单由他们去超市购买。这时你应该如何进行统计呢?

【案例分析】

生活用品的范围是很宽泛的,包含了很多杂项。如果想没有遗漏地列出清单并不容易,但利用金字塔原理去思考,就会容易很多。

首先,我们可以先把"生活用品"分成几个大类。

例如,根据种类的不同,可以分成食品类、清洁用品类以及其他类;根据使用场景的不同,可以分成厨房需要用的、卫生间需要用的、客厅需要用的以及卧室需要用的;根据重要程度的不同,分成特别需要的和普通需要的。

以上的分类方法,我们可以任选其一,然后根据自

己的分类，寻找相应的内容。

假如采用第一种分类方式，我们发现食品类缺少酱油、白糖、蚝油；清洁用品缺少垃圾袋、纸巾、拖布；其他类缺少遥控器电池。

当这些物品被罗列出来之后，我们就可以根据其中的共性，进行归纳总结。

例如，酱油、白糖、蚝油可以归纳为调料，垃圾袋、纸巾、拖布、遥控器可以归纳为日杂。这时候我们就构建出了金字塔的第二层内容。

在第二层的基础上再进行分析，很容易就能发现，无论是调料还是日杂其实都不需要专门去一趟超市，因为这些东西在小区的便利店就可以买到。

最终，通过以上的思考，你列出的清单，不仅可以帮家里补充生活用品，还可以帮父母按照门类购买物品，节省时间。这便是金字塔原理的实际应用。

【本节总结】

1. 金字塔原理是在脑海中将思维过程形象化，呈现层层递进的逻辑关系。

2. 在每层的信息中，要把握内容的共性，进行合理

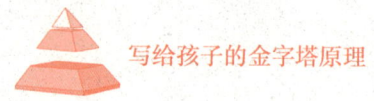

的归纳总结。

3. 自下而上的思考过程与自上而下的执行过程，是金字塔原理的使用方式。

第一章 初出茅庐：了解原理内容

第三节　如何构建自己的金字塔

构建金字塔原理的思维框架，是将金字塔原理应用到实际生活中的第一步。也就是将我们脑海中原本纷乱复杂的信息，有效地组织起来并加以提炼，从而帮助我们按照层级，逐步分析问题。

在前面所讲的内容中，我们已经了解到，构建金字塔的过程，需要把握每条信息之间的"共性"。然而在实际操作中，对于"共性"的把握，往往并不容易，我们需要掌握一定的方法和技巧，这就是本节的主要内容。

【听曹操讲故事】

自从用"五色棒"得罪权贵之后，我就被调任顿丘县令了。那年我二十三岁，离开了京城的繁华，但依然

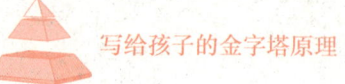

兢兢业业，在地方上打击豪强，试图做一个好官。

可事与愿违，仅仅过了几年，我就因为受宋皇后被废的牵连，被免去了官位。失业的我，先是回到洛阳重新找工作。不过，那年头的工作真不好找，加上大城市的生活压力又非常大，我只能被迫回到老家谯县，成为无所事事的闲人。

面对职业生涯的巨大打击，我也曾思考过，当初跟宦官集团决裂的想法到底对不对。毕竟我爷爷就是宦官，我是不是应该借着家里的权势扶摇直上？

我在老家一直待到光和三年，终于再次迎来了人生的转折点，朝廷的公务员录取通知来了！我被任命为议郎，官阶虽然不大，对我来说却很重要。为了好好把握这次机会，我开始重新思考与宦官集团的关系。

在做议郎的那段时间，我多次上书进言，决心跟那些奸佞宦官对抗到底。这不仅是我的一腔热血，更是我认真思考后的决定。尽管我的行动并没有改变什么，大汉的朝政依然被宦官把持，但我的目的已经达到了。

于是在四年之后，历史上著名的黄巾起义爆发，我再一次赢得了改变人生的机会，这是后话。

第一章 初出茅庐：了解原理内容

【故事分析】

每个人的人生都不是一帆风顺的，纵然如曹操这样的历史风云人物，也无法避免人生困境。因此在身处逆境时，思考并分析逆境的成因以及如何摆脱逆境，就至关重要了。接下来我们就来分析一下故事中的问题，学习金字塔的构建过程。

曹操的逆境是如何形成的？我们先梳理一下基本信息。

1.之前得罪了洛阳的权贵，为后来的遭遇埋下了祸根。

2.宦官集团当道，让曹操这样有理想、有抱负的青年得不到重用。

3.东汉朝廷腐败，致使宦官当道。

仔细思考这三点信息，我们不难发现，这其中存在着非常明显的共性。每一条内容的核心都指向了权贵集团。如果按照之前所学的金字塔原理基本概念，这三点是可以归纳到一起提炼出内容的。

然而当我们试着去归纳时就会发现，这三点虽然有共性，但无法总结到一起。因为这些内容除了共性，还

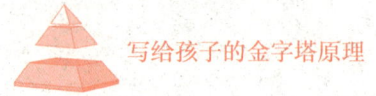

存在着因果关系:

即正是因为"3"才导致了"2"的出现,又因为"2",导致了"1"的形成。

简单来说,如果曹操一开始就能得到重用,那他也不需要用得罪权贵的方式跟宦官集团决裂了。

由此我们可以发现,在这样的存在因果关系的信息罗列中,信息本身存在递进关系,所以,只要选择其中最关键的一点提炼即可,不需要再将内容强行归纳到一起了。

那么,在分析曹操逆境成因的思考中,便只有一条有效信息:

即东汉朝廷腐败,致使宦官当道。

接下来,我们继续分析曹操是如何摆脱逆境的。

1. 回到老家,等待机遇。

2. 等到机会,重新回到朝廷做官。

3. 面对宦官陷害忠良,上书直言。

和前文一样,这三点内容同样是无法归纳的,因为它们之间存在时间顺序,也就是时间关系。那么我们依然不需要强行总结,只选择其中的一点:

第一章 初出茅庐：了解原理内容

即面对宦官陷害忠良，直言上书。

通过以上分析，我们不难发现，构建金字塔原理的思维框架，对于信息共性的归纳总结，并不是机械和生硬的，而是需要对信息本身进行思考。

如何构建高效的金字塔

金字塔原理的逻辑框架，是把信息层层递进，从而最终得出有效的信息。因此我们要保证单独一个层级的信息之间，既存在可以被归类总结的共性，也存在独特的意义。本身就存在因果关系或时间关系的信息，虽然具有共性，但这种共性并不能让我们归纳出有效递进的信息，是无法构建金字塔的。

由此，我们可以得出构建金字塔的实用技巧。

1.筛选没有价值的信息，防止逻辑混乱。

使用大量未经筛选的信息构建金字塔，会扰乱我们对信息内容的判断。

2.以"共性"分组，以"关系"递进。

信息之所以能被归类，是因为其存在着共性。但这种共性是为了让我们提炼逻辑关系，而不是其本身就具有逻辑关系。

3. "横向"体现共性,"纵向"体现关系。

正是因为金字塔是按照各种逻辑关系递进的,所以才能让内容越来越精练,最终呈现一个金字塔的状态。所以,一个完善的金字塔模型,只有在"纵向"的信息中,才具有逻辑关系的承接。而在"横向"的平级信息之间,只存在共性。

构建第一座金字塔模型

通过之前对信息的筛选,我们已经得出了曹操人生逆境的成因以及他解决困境的办法。但是我们还不清楚,为什么"面对宦官陷害忠良,上书直言"就能让他摆脱困境。那么现在,就让我们用本节学到的金字塔构建方法,搭建一个完整的金字塔模型,看看曹操是如何思考的。

首先,罗列曹操所面临的各种情况。

1. 东汉朝廷腐败,宦官当道。

2. 宦官家庭出身,被士大夫看不起。

3. 宦官陷害忠良。

4. 之前挑战宦官权贵,获得过好名声。

接下来,我们使用更为形象的方法,进一步递进

信息。

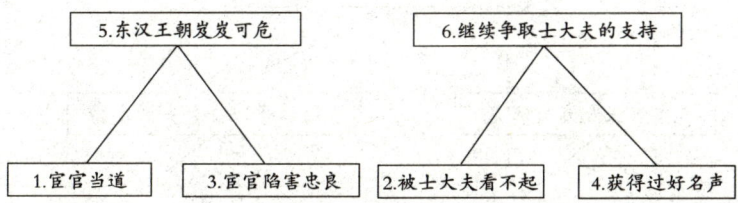

不难看出,正是因为"宦官当道"和"宦官陷害忠良",才导致"东汉王朝岌岌可危"。纵向的信息递进是明显的因果关系。而同级中的两点内容只有共性,并没有直接的逻辑关系。

同理,"被士大夫看不起"与"获得过好名声",同样只有共性。而站在曹操的角度来看,他那时作为一个小官,只有两个选择,要么投靠宦官集团,要么投靠士大夫集团。结果显而易见,他之前的所作所为,已经让他跟宦官集团决裂了,所以他只能继续争取士大夫集团的支持。

最后,我们根据得到的"5"和"6"两点,再次归纳总结,得出最终的金字塔模型。

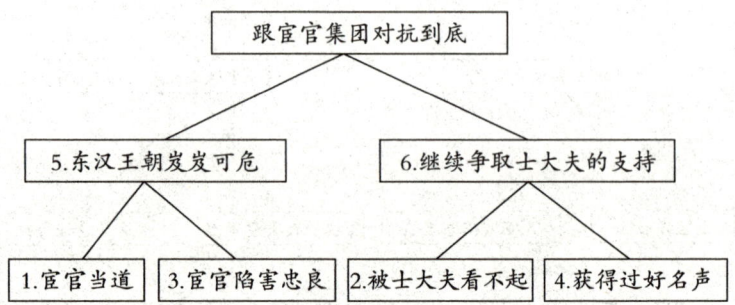

结合这两点，便可以得出最终结论。曹操在逆境中重新获得机会，依然选择跟宦官集团对抗到底，这个决定无疑是非常明智的。这个决定，让曹操获得了士大夫集团的支持，也让他在后来的黄巾起义中，得到了展现自我的机会。

纵观中国历史，宦官集团的权力都是依靠皇权产生的。当政权越来越腐朽的时候，皇权也就没落了。所以在东汉王朝岌岌可危的情况下，宦官的权力必然会越来越弱小。而士大夫集团则不一样，尤其在东汉末年，他们多出身于门阀阶层，在社会上占有大量的土地和人口。皇权没落的时候，士大夫集团反而会拥有更多的权力。

【生活中的案例】

新学期开学，你的课程里突然多出了一门名为科学

第一章 初出茅庐：了解原理内容

的课程，尽管这门课并不是主要的课程，但你对此非常感兴趣，尤其是老师还要在课余时间组织科学小组，让你非常想加入其中。但班主任和家长都认为你目前的学习成绩并不理想，现在首要任务应该是把精力放在主课上，这时你该怎么办呢？

【案例分析】

在这个案例中，出现的信息是相对复杂的，我们首先要将相关的内容罗列出来。

1. 科学课并不是主要的学习科目。

2. 科学小组的活动，会占用一定的学习时间。

3. 我目前的成绩并不理想。

4. 班主任和家长反对我参加活动。

接下来，我们通过这些信息的共性，将其进行分类总结。

"1"和"2"的内容，说明参加科学小组对我的成绩会造成影响。

"3"和"4"的内容，说明我目前的成绩，让家长和老师产生了一些担心。

在提炼出进一步的内容之后，原本的四个信息就变成了两个，因此再进行一次逻辑关系的递进，便能得出

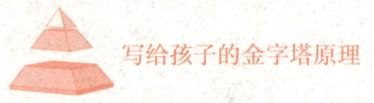

最终的结果：

即我应该把精力放在提高学习成绩上。

【本节总结】

1. 构建完善的金字塔，需要对纷乱的信息进行筛选。

2. 金字塔通过信息共性归类，通过逻辑关系递进。

3. 金字塔在横向中体现信息的共性，在纵向中体现逻辑关系。

第二章

小有成就：提升语言表达能力

  在面对演讲或者需要你传递某种观点的场合中，仅仅能把信息表达清楚是不够的，还需要让听者接受并认同我们所说的内容。这就需要我们熟练运用金字塔原理，提升我们的语言表达能力，并将这种能力快速运用到生活中的各种场合。

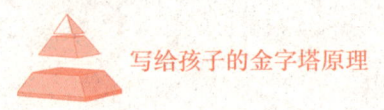

第一节 语言表达中的金字塔

大多数人对语言表达的初步认识,都是从听别人讲一个故事到复述一个故事开始的。然而,同样是一个故事,有些人可以讲得非常生动形象,引人入胜;有些人却讲得十分无聊,让人根本听不下去。

如果我们认真思考两者的区别,就会惊奇地发现,但凡能讲好一个故事的人,其实都或多或少地使用了金字塔原理对自己的语言进行了一定的加工。那么本章的内容,就让我们从最熟悉的讲故事开始吧。

【听曹操讲故事】

既然上次说到了黄巾起义,那我就给你们讲讲这个故事吧。

第二章 小有成就：提升语言表达能力

不要小看这场农民起义，如果没有黄巾起义，那么根本就不可能有后来的三国。你们所熟知的那些名将，也就没有了展示自己的舞台，甚至连我曹孟德都会湮没在历史的尘埃里。

都说东汉末年天下大乱，可究竟是怎么个乱法呢？

首先，是宦官和外戚斗争不止，把好好的朝廷弄得乌烟瘴气。

如果把朝廷看作一个公司，那么宦官就是老板的秘书，外戚就是老板的亲戚。这些人根本就不会管理公司，天天想的就是怎么从公司里捞钱。可他们偏偏还是老板最亲近的人，所以经常能左右老板的决定。尽管外戚里面也出现过卫青、霍去病这样的名将，但奈何这样的人实在是太少了。让秘书和外戚左右朝政，国家怎么可能好得了？这便是第一个"乱"。

其次，是朝廷连年征战，使得国力大伤。

历史上评价汉朝，说"国恒以弱灭，独汉以强亡"。这话真是一点儿没错。我们大汉虽然宦官外戚乱政，但对外战争一点儿也不含糊。自武帝以来，北征匈奴，打得他们根本不敢犯境。但总这么打仗对国力消耗实在太大，征兵和赋税让百姓苦不堪言。这便是第二个"乱"。

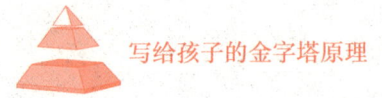

最后,就是士族豪强侵占农民的土地。

说来惭愧,这事是我们这些人干的。不过在那个时代,世家大族因为有钱有势,占有土地是很正常的事。只不过他们贪得无厌,土地占得太多,让无数百姓失去耕地,流离失所。这便是第三个"乱"。

于是乎,在这三个"乱"的压迫下,百姓终于忍受不了了。一个叫张角的人,借此机会创立了太平道,得到了无数穷苦百姓的拥护。他们打出了"苍天已死,黄天当立,岁在甲子,天下大吉"的口号,掀起了这场声势浩大的黄巾起义。三国时代的序幕,就此拉开……

【故事分析】

看完这个故事,你是不是已经清楚地知道,东汉末年为什么会爆发黄巾起义了?实际上,如果你重新审视这个故事,会发现这其中包含的内容非常多,我们不妨从头来梳理一下。

1. 黄巾起义开启了历史上的三国时代。
2. 黄巾起义的起因是东汉末年天下大乱。
3. 东汉末年,外戚与宦官乱政。
4. 东汉末年,国家连年征战,国力大伤。
5. 东汉末年,世家大族侵占土地,百姓流离失所。

第二章 小有成就：提升语言表达能力

通过之前所学，我们不难看出，其实这些内容正是金字塔原理中的基本信息。而根据金字塔原理的构建方法，同样可以搭建出金字塔思维模型。

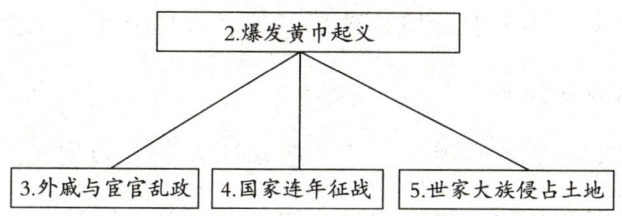

经过之前的学习，大家应该都非常清楚这个金字塔模型的搭建过程了。但是还存在一个问题，那就是上文总结的"1"并没有出现在模型之中。或者说，"1"的内容很难被归类和总结。之所以会出现这样的情况，是因为应用在语言表达中的金字塔原理，和我们之前所学的内容有一定的区别。

引导听众的思维——序言

人的注意力是有限的，尤其是当一个人在听你讲话的时候。一方面他要思考你说过的内容，另一方面要注意你正在说的内容。如果听了很长时间都没有听到令他感兴趣的内容，那么他的注意力自然就会分散，也就无法接收到你要传递的信息了。

因此，在我们开始讲一个故事的时候，首先要做的就是将听众的注意力吸引过来，让他一开始就对你的故事感兴趣。纵然后续的内容因为某些意外情况被打断，或者出现一些失误，但这种一开始存在的兴趣，依然可以让他继续听下去。

而在金字塔原理中，这个吸引听众的环节便是"序言"，即在开始一段表达时，放在最前面的内容。

在上文的故事中，"黄巾起义开启了历史上的三国时代"，就是整个故事的序言。作为听众，你会好奇一个农民起义为什么会产生这么大的影响，黄巾起义是如何出现的，又是什么人领导了这场起义。

当听众因为你的序言产生诸多问题或产生兴趣的时候，其思维也就被你成功引导了，自然会对你接下来所说的内容产生浓厚的兴趣。不过需要注意的是，序言是基于金字塔框架提出的，但通常并不在金字塔的框架之中。

上面的故事并没有直接回答序言所提出的问题。而是通过序言先点出黄巾起义的重要历史意义，转而讲述黄巾起义产生的原因。如果一开始的序言说的是"今天

第二章 小有成就：提升语言表达能力

给大家讲一讲黄巾起义的原因",那你还愿意听下去吗？

自上而下，结论先行

在第一章的内容中，我们曾提到过，金字塔原理的使用方式是"自下而上的思考与自上而下的执行"。同样的道理，应用在语言表达中，就是"自下而上的思考与自上而下的表达"。

在我们组织语言的时候，要先"自下而上"按照以前的方法搭建出金字塔模型。然后按照搭建好的模型，先说出总结归纳后的结论，再说有关于结论的具体信息。简单来说，就是"自上而下，结论先行"。

在故事中"外戚乱政""连年征战""世家大族侵占土地"都属于归纳后的结论。而这些结论都放在了每一段的最前面，然后才是对相关内容的解释。

正如上文所说，听众的大脑需要同时处理很多信息。对于没有逻辑关联的信息，听众只能强行记忆，这对听众来说是一种极大的负担。金字塔原理的构建，正是以逻辑关系为基础，层层递进的。

因此当我们把金字塔模型中的内容自上而下表达时，听众会先听到结论，对我们接下来要表达的内容有了一个重要的思想认识。后续的内容，因为都是围绕这个结论展开的，所以每个信息都和结论有着充分的联系，无疑给听众省去了自己找逻辑关系的麻烦，听众自然越听越有兴趣。

【生活中的案例】

新学期开始，班级里要重新竞选班干部，想要竞选的同学都要上台演讲。你非常想成为这学期的班长，但你的学习成绩并不突出。在这种情况下，你该如何准备自己的竞选演讲呢？

【案例分析】

根据本节所讲的内容，进行语言表达的第一步，便是通过序言引导观众的思维。因此你可以先思考自身的特点，想出一个与众不同的开场。

例如，"同学们，你们觉得班长一定要学习非常好吗？"或者"如果一个学习成绩不好的人成为这个班级的班长，你们觉得会是什么样子？"抑或"我知道这次的竞选我很有可能不会得到大家的认可，但是我希望你们能够见证一个历史性的突破，让一个学习成绩一般的人成为这个班级的班长。"

第二章 小有成就：提升语言表达能力

在案例中，你的劣势是学习成绩一般，但这个劣势在适当的思维引导下，可以成为你竞选的亮点，让同学和老师对你接下来的演讲产生兴趣。而一旦听众对你接下来要说的内容有了兴趣，你就已经成功了一半。

接下来，继续根据本节所讲的内容，使用"自上而下，结论先行"的方法，展开你演讲的内容。

例如，"其实学习成绩并不能代表一个人的全部。"或者"学习成绩一般的人成为班长，或许会创造出与众不同的效果。"抑或"规矩就是用来打破的，凭什么班长就一定是学习成绩突出的人才可以担任？"

以上三条内容都可以作为你自上而下的结论，也是你要着重讲述的观点，后续的内容都将围绕着这个观点展开。如此一来，演讲的内容就会更加具体，演讲的条理也会更加清晰且明确了。

【本节总结】

1. 在语言表达中，一个能够引起思考的序言可以有效提高听众的注意力，引导听众的思维。

2. "自上而下，结论先行"是金字塔原理在语言表达中的主要方法。

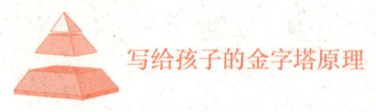

第二节　学会讲好一个故事

在上一节中，我们已经通过一个故事，明白了金字塔原理在语言表达中应该如何应用。这一节，我们就来详细地学习一下如何讲好一个故事，进一步发挥序言的魅力，将其运用自如。通过精彩的思维引导，让听众对你要说的内容充满期待，这便是金字塔原理在语言表达中的进阶运用。

【听曹操讲故事】

你们能想象得到吗？我之前费了那么大力气，跟宦官集团对抗，好不容易才等到黄巾起义的机会，跟着皇甫嵩等人讨伐叛军，结果却再一次功亏一篑。

只不过跟上次被免官不同，这次是我主动放弃了大好的形势，辞职回家了。

第二章 小有成就：提升语言表达能力

人生无常，你们总说我"挟天子以令诸侯"，好像风光无限。可我年轻的时候，也是几度大起大落，这其中的辛酸，又有谁知道呢？

那一年，我在颍川讨伐黄巾军，斩首数万立下军功，因此被封为济南相，管理十几个县城。那时，我仍然怀揣着理想，在任期间励精图治，惩治手下的贪官污吏。但渐渐地，我发现自己的能力终究是有限的。

尽管我能让我管理的十几个县城气象一新，可那些被打击的地方豪强并没有消失，而是跑到了其他的地方继续为害乡里。而且那时候大汉王朝买官卖官风气正盛，这些人仗着有钱，前几天还被我审判，转天就能变成我的同事。我无论怎么努力，都无法改变这个浑浊的世道。后来，朝廷有很多人找我，想让我当更大的官，但我已经没有那个心力了。

在那段时间，天下越来越乱。由于讨伐黄巾军的时候，朝廷允许地方官员自己招募军队，导致地方官员的势力越来越大。一时间风起云涌，身处边关的韩遂、边章杀死了太守和刺史，公然反叛朝廷，群雄开始有了逐鹿中原之心。

想要改变这种乱局，仅仅靠打击地方豪强是不够的，甚至铲除宦官和外戚也是不够的。于是，我主动辞去了职务，再一次回到老家，每天认真学习，充实自己。我知道，这样的乱世总有一天会被终结，而我将继续等待机会。

【故事分析】

在前文中我们曾介绍过，序言可以让听众集中注意力，并且产生对内容的思考。但这只在一般的情况下适用。在现实生活中，很多时候听众不一定对我们所说的内容感兴趣，或者因为一些其他原因，听众甚至不愿意跟我们交流。那么在这种情况下，我们再想输出自己的观点，就需要加入吸引人的思维引导。

例如，在本节的故事中，曹操在一开始讲述了两点内容。

1. 在讨伐黄巾军之后，他再一次失败了。
2. 这次失败是他主动辞职的。

相比上一节中的序言，我们能够明显感觉到，这两点内容更能引起我们的思考。进一步说，这两点内容之间似乎存在着某种关系，让我们很想知道为什么会这样。而这种关系就是语言表达的神奇之处了。

第二章 小有成就：提升语言表达能力

为什么要学会讲故事

金字塔原理在语言表达中的应用，并不是要求我们在所有的语言表达中都使用讲故事的方式，而是通过学习讲好一个故事的基本原理，掌握语言表达的技巧，从而让我们的语言更有条理性和说服力。实际上金字塔原理中的思维引导，就是遵循着"讲故事"的基本方法。

对于本节的故事，我们用之前所学的金字塔原理进行分析，同样可以得到一个逻辑模型。通过这则故事，我们不仅可以了解曹操在黄巾起义发生后的经历，还能了解这期间的历史。换句话说，我们在听故事的过程中，接收到了很多观点和信息。

但如果将相同的内容换成另一种纯叙述的表达，听众就很难提起兴趣听下去，也就无法得到其中的信息和观点了。这便是为什么要在语言表达中学习讲故事的方法，引导听众思维的原因。

故事的结构

一个完整的故事不一定很长。尤其是在我们的实际生活中，往往三两句话就能讲述一个故事，同样可以起到思维引导的作用。故事的内容中一定要包含三个主要元素。简单来说，只要在你讲述的故事中，有背景的铺垫，在情节中形成冲突，最后还能给听众留下疑问，那么这个故事就是完整的。

背景是故事的铺垫，作用是为冲突做好准备。这里我们继续用曹操的故事举例分析。

1. 曹操跟宦官集团对抗，好不容易等到讨伐黄巾军的机会。

2. 曹操在济南管理十几个县城，励精图治，打击贪官污吏。

3. 尽管他对豪强予以打击，但那些豪强并没有因此消失。

4. 那段时间天下越来越乱，地方官员的势力越来越大。

这些内容都是故事中的背景。作为故事的铺垫，背景本身并不能吸引人，多数时候只是在陈述一个简单的内容。然而正是因为背景的内容相对简单，或者说已经被大多数人所知晓，才能让我们与听众建立起一定的联系。

试想，如果我们在讲故事时，一开始就陈述一些特

别冷门的内容，那么听众的注意力肯定会出现分散的情况，无法连续有效地接收我们后面所讲的内容，也就很难再对我们讲的故事产生兴趣了。所以背景的内容一定要选择大多数人都认同的内容。

冲突即故事的高潮，也就是对背景进行反转。我们在上文的基础上继续添加。

1. 得到机会讨伐黄巾军，却再一次功亏一篑。
2. 励精图治打击贪官污吏，却主动辞职。
3. 无论怎么努力，都无法改变乱世。
4. 地方官员反叛，群雄逐鹿中原。

不难发现，在故事的结构中，冲突都是在背景的基础上形成的，和背景陈述的事实形成了强烈的对比和反差。当这种反差形成的时候，你的语言就有了属于自己的节奏，就可以调动听众的思维，让听众对你要说的内容产生更浓厚的兴趣。

疑问即故事的收尾，作用是引起听众的思考。可以直接提出疑问，也可以留给听众自己想象。

1. 为什么获得了军功却仍然功亏一篑？
2. 为什么励精图治最后却选择了辞职？

3. 为什么非常努力却改变不了乱世?

4. 群雄逐鹿中原的时候,曹操又在干什么?

可以看到,当听众对这些内容产生疑问的时候,就会带着疑问听我们说接下来的内容。根据金字塔原理的模型,我们接下来要说的内容就是要解答这些疑问的。因此,听众就会在故事的思维引导下,开始认真听并思考我们所传递的信息,也就更容易接受我们想要表达的观点。

讲故事的实际运用

在思维引导中,运用讲故事的方式是为了引出我们的金字塔模型,而这里的金字塔就是故事的答案。因此在实际运用中,我们可以根据实际情况,将故事的背景、冲突和疑问进行不同的顺序组合,从而形成不同的风格,并以此来应对不同的情况。

背景:老师布置小组讨论任务。

冲突:有一名组员不参与讨论。

疑问:不参与讨论的组员,是因为什么原因不和大家一起讨论?

答案:用金字塔原理构建出,这名组员不参与讨论

的原因。

【生活中的案例】

在一次班会上,老师让你们各自讲述一个熟悉的成语故事。可是你想来想去,只想出来一个很多人都知道的"邯郸学步",这时你应该如何组织自己的语言呢?

【案例分析】

案例中的成语故事,作为一个广为流传的典故,如果按照正常的故事发展讲出来,显然是十分平庸的。因此需要我们重新组织故事的结构,进而让这个故事呈现出更加吸引人的效果。

原本的故事,讲的是一位爱美的古代少年,在得知邯郸人走路的姿势十分好看后,就跑去邯郸学习当地人走路,结果不仅没有学会邯郸人走路的姿势,还把自己原来走路的姿势给忘了,最后连路都不会走了,只能爬回自己的家。

在故事原本情节的基础上,我们首先要找出其中的逻辑关系:

即少年想去学习邯郸人走路的姿势,结果不仅没有学会,还忘记了自己原来是如何走路的。

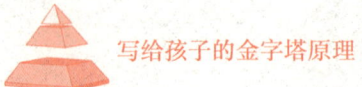

可以看到,故事的本身已经存在了一种递进的逻辑关系,但由于这个转折已经被人熟知,我们要重新组织这个故事的节奏,例如:

如果你看到其他人的学习方法十分优秀,是应该直接去借鉴,还是应该先想一想自己适不适合这种方法呢?

这样的开场,相当于提前将故事的寓意以序言的方式呈现了出来,可以很好地引起听众的注意力。再接着讲述这个故事时,原有的节奏就已经被重新塑造起来了,从而建立了属于自己的节奏。

【本节总结】

1.语言表达的节奏,是内容按照逻辑关系的持续递进。

2.语言表达的节奏,是思想重新组织后呈现的规律。

第二章 小有成就：提升语言表达能力

第三节 掌握语言的节奏

学会讲好一个故事，是利用金字塔原理提升语言表达能力的基础。这既是序言的进阶使用方法，也是金字塔原理在语言表达中的核心内容。其最终目的就是让我们的语言更加吸引人，让听众的思维更加集中。

在这个基础上，我们要进一步思考，如何让我们的观点更容易被听众理解以及如何利用语言表达的技巧，让听众接受我们的思想。这便是本节的主要内容，即掌握语言的节奏。

【听曹操讲故事】

自从辞职后，我非常消沉，只能眼睁睁地看着天下的局势越来越乱。

然而意外还是发生了。屡次辞职的我居然再一次被朝廷起用，成为负责守卫首都安全的西园八校尉之一。从我接受任命的那一刻开始，便注定我将踏上逐鹿中原的征途。

中平六年（189年），朝廷中发生了一件事儿——汉灵帝驾崩了。于是，年幼的太子刘辩登基，何太后临朝听政，太后的哥哥大将军何进开始掌权，外戚集团的力量达到顶峰。

紧接着，为了彻底铲除祸乱朝纲的宦官，大将军何进召当时地方上的实力派并州刺史董卓进京，准备依靠董卓的力量，完成剿灭"十常侍"的计划。

然而，宦官集团毕竟树大根深，还没等董卓进京，他们就提前得知了何进的计划。他们略施小计便将何进骗进皇宫，合力将其刺死。原本这只是宦官和外戚的寻常斗争，这次斗争却把另一股可怕的力量牵扯了进来，那便是以董卓为代表的地方豪强。

宦官和外戚再怎么争斗，本质上都是围绕着皇权展开的，无论结果如何，他们都会保证皇帝和朝廷的存在。地方豪强却不同，他们手里掌握着可以改变天下的兵权，在地方上还有着深厚的背景。因此，对他们来说，皇帝

第二章 小有成就：提升语言表达能力

只是他们名义上的领导。

何进死后，董卓仍然来到了京城，然后凭借着手里的西凉铁骑，展开了血腥残暴的统治。无论是外戚还是宦官，都不敢与之抗衡。当时还对朝廷抱有一丝希望的我，也试着去行刺董卓，可惜以失败告终。

逃回老家后，我终于明白了一件事。原来想要结束这个乱世，根本不在于我到底要不要跟宦官集团决裂，而是我的手里到底能不能掌握一支压倒一切的力量。

最终，我不再纠结，直接以讨伐董卓的名义，散尽家财征召兵马，成为地方上的割据势力。

【故事分析】

听完这个故事，我们可以了解到曹操人生轨迹的转变。他从最开始那个只想努力工作，跟邪恶势力做斗争的热血青年，变成了决心逐鹿中原的汉末群雄之一，走上了跟之前完全不同的人生道路。

在我们原本的印象中，成为一个割据地方的豪强，应该是一种恶劣的行为。听完这个故事后，我们却很难有这样的想法，反而会理解曹操的做法。到底为什么会这样呢？

接下来,就让我们继续用之前学过的原理,来分析一下本节的故事。

使用序言的讲故事模式,引起听者的疑问。

背景:辞官回家后,天下越来越乱,再一次被任命重要官职。

冲突:因为这次任命,开始了逐鹿中原的王者征途。

疑问:为什么被朝廷重用反而会让曹操成为一方豪强?

通过序言的思维引导,听者的注意力迅速集中,从而产生相应的疑问,而这个疑问便是后续内容要解答的问题。实际上这个过程就是建立语言表达中的节奏的过程。

接下来,我们继续用金字塔原理分析故事中的后续内容。

1. 皇帝驾崩,太后临朝听政,外戚势力达到顶峰。
2. 外戚与宦官集团斗争,何进决心铲除宦官。
3. 外戚何进召地方豪强董卓进京。
4. 何进被刺身亡。
5. 董卓进京,地方豪强掌握政权。
6. 外戚与宦官均无力与地方豪强抗衡。

7. 曹操决心成为地方豪强之一。

不难看出，在罗列出来的所有信息之间，其实都存在着因果关系。正是因为上一条内容，才导致了下一条内容的出现，整个故事的逻辑承接，都保持了一致性。所以当我们听起来的时候，并不需要大脑费力去记忆太多的内容，便能够让我们很好地把握其中的思想。最后看到曹操的决定时，也会觉得合情合理，顺理成章。

例如，正是因为皇帝驾崩，导致权力大涨的外戚决心铲除宦官；正是因为要铲除宦官，所以外戚召地方豪强进京；正是因为地方豪强进京，导致权力平衡被打破；正是因为旧秩序被打破，曹操才决定化身割据势力，重新塑造新秩序。

语言表达的节奏，是内容的持续递进

我们在说一件具体的事情或表达某个观点的时候，要传递的内容往往是很多的。而在之前学过的金字塔原理中，我们已经可以用归纳总结、层层递进的方式，将纷乱的内容条理清晰地表达出来，从而被听众所接受。但在口语表达中，这还远远不够。

日常的语言表达跟书面文字不同。口语表达时，听众接受的内容都是即时的，遇到问题时不能回头去看前面的内容，一旦陷入思考便会错过你正在传递的信息。因此，只有将传递的内容以一种层层递进的方式，按照其中的逻辑关系，条理清晰地表达出来，才能获得最好的效果。而这种被我们组织起来的逻辑关系，便是语言表达的节奏。

语言表达的节奏，是思想重新组织后的规律

在音乐中，节奏是音符跃动的规律。而在语言表达中，节奏就是表达内容传递的逻辑规律。

简单来说，我们在构建自己的金字塔模型时，采用的是"自下而上"的方法，将所有的信息层层归纳总结，从而提炼出最为精练的内容。在语言表达的时候，我们要将所有的内容重新组织，将精练的内容按照原有的逻辑关系表达出来，让表达的内容富有规律，而这种规律可以让听众更容易理解与接受我们要表达的内容。

【生活中的案例】

在一次班会上，老师让大家各自讲述一个成语故事。

可是你想来想去,只想出来一个很多人都知道的掩耳盗铃的故事,这时你应该如何组织自己的语言呢?

【案例分析】

掩耳盗铃是一个广为流传的典故,如果按照正常的发展讲出来,显然是十分平庸的。因此我们需要重新组织故事的结构,让整个故事更加吸引人。

原本的故事讲的是一个人看到别人家有一个很好的铜铃,想要偷走。为了防止偷铃铛时发出的声响被别人听见,于是他堵住了自己的耳朵,仿佛自己听不见,别人就听不见了。

在故事原本情节的基础上,我们首先要找出其中的逻辑关系:

即有人为了偷铃铛时不被人发现,便堵住了自己的耳朵。

可以看到,故事的本身已经存在了一种递进的逻辑关系,但由于这个逻辑关系和转折已经被人熟知,所以我们要重新组织这个故事的节奏。

例如,如果有一个人做了一件错事,当他想掩饰这个错误时,是应该跟周围的人大方地解释,还是假装这

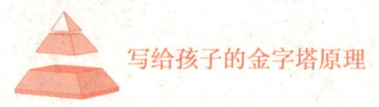

个错误没有发生呢?

这样的开场,相当于提前将故事的寓意以序言的方式呈现出来,可以很好地引起听众的注意。接下来在讲述这个故事时,原有的节奏已经被重新塑造了,我们也就建立了属于自己的节奏。

【本节总结】

1. 语言表达的节奏,是内容按照逻辑关系的持续递进。

2. 语言表达的节奏,是思想重新组织后呈现的规律。

第四节　让表达更有魅力

通过之前的学习，我们已经了解了金字塔原理在语言表达上的使用方法。无论是通过序言引导听众的思维，还是以讲故事的方式引起听众的疑问，抑或是在语言表达中建立语言的节奏，都可以提高语言表达的吸引力。

但是当我们放下书，开始构建金字塔模型来表达一件事情的时候，尤其是面对相对复杂的问题时，还是感觉有些地方想不通，我们明明已经了解很多了，为什么还是感觉无从下手呢？

这是因为在语言表达中，金字塔模型的构建仍然要遵循第一章学到的内容。而本节我们将把之前所有的内容结合在一起，建立一个完整的语言表达体系，让你的

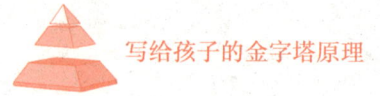

写给孩子的金字塔原理

语言更富有魅力。

所以,在分析本节的故事之前,我们先将之前的内容做一个简单的梳理。

1. 金字塔模型的构建,是将纷乱的信息不断归纳总结,提炼出最终的思想和主题的过程。

2. 在归纳总结的过程中,所有的信息都在按照逻辑关系层层递进。

3. 在完整的金字塔模型里,横向的信息体现"共性",纵向的信息体现"逻辑关系"。

4. 金字塔模型在实际应用中,是"自下而上"的构建与"自上而下"的执行。

【听曹操讲故事】

初平元年(190年)正月,那年我三十五岁,正式以一方诸侯的身份参加了讨伐董卓的联盟。

十八路诸侯正月起兵,二月,浩浩荡荡的大军已逼近洛阳,吓得董卓连忙胁迫汉献帝迁都长安。临走的时候还焚毁皇宫,劫掠百姓,一把大火将繁华的洛阳城付之一炬,致使方圆二百里荒无人烟。

对于董卓的这个举动,我既愤慨又兴奋。

愤慨的是,这人罪恶滔天,已经到了天人共愤的程

度；兴奋的是，他这番举动几乎摧毁了大汉朝廷最后的存在感和威严。从此之后，天下群雄将不再有任何顾忌，可以随意发动战争逐鹿中原了。兴奋的是，既然汉室已经衰败，那我就以另一种方式结束这个乱世。

然而，联盟军中的诸侯并不是所有人都有我这般见识。他们没有意识到，董卓的暴行已经开启了一个群雄割据的时代，只是一味地畏惧董卓的西凉铁骑，不敢与之交锋。

董卓的例子已经证明，在现在这个世道，只要拿到汉室的法统并且拥有精良的军队，就可以掌控天下的局势。他之所以被诸侯联合讨伐，无非是因为他太过残暴。如果我能得到他那样的权势，天下肯定会是另一番景象。

于是，我不再等待其他的诸侯，独自带兵对董卓展开追击，试图一举歼灭董卓，毕其功于一役。只可惜，董卓的西凉军的确战斗力惊人，我被打得落花流水，如果不是堂弟曹洪相救，恐怕就死在战场上了。

好在此时联军整体上仍占有优势，我退回联军大营后，便提议所有人占据交通要地，不与董卓正面交锋，光是围困也能将董卓围死。可这群人竟然连围困都不愿意，天天只想守着自己的一亩三分地，甚至还有些人故

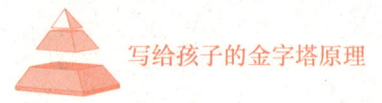

意在联军内部制造摩擦,想要趁机发展自己的势力。

唉……不足与谋!

你们难道就不想想,一旦我们彻底击败董卓,得到的利益可是不可估量的呀!

最终,董卓没有被我们打败,联军在内部斗争中分崩离析,很快就解散了。

【故事分析】

在这则故事中,我们能清晰地感受到曹操对于联军讨伐董卓失败而产生的惋惜与遗憾。但别忘了,曹操之所以觉得遗憾,并非因为他没有成功除掉董卓,而是因为他觉得失去了一个称霸天下的好机会。本质上这种想法是非常自私的,可我们在这篇故事中,自然而然地被带到了曹操的语言节奏之中。

这篇故事和以往的故事还有一个很大的区别,初看之下它并没有特别清晰的框架和思路,反而充满了很多主观的感叹和见解,似乎和之前所学的内容并不符合。然而仔细分析后我们就会发现,这个故事的脉络仍然是在金字塔原理的基础上构建的。之所以会呈现这样的形式,是因为其独特的语言表达体系。

第二章 小有成就：提升语言表达能力

首先，分析故事内容中传递的信息。

1. 曹操正式成为割据地方的诸侯。

2. 十八路诸侯联军，起兵讨伐董卓。

3. 董卓仓皇逃窜并焚毁洛阳，天怒人怨。

4. 东汉王朝彻底衰败。

5. 联军畏惧董卓及其军队，不敢进攻。

6. 曹操独自进攻，被打得大败而归。

7. 联军出现内部矛盾，最后解散。

以上七点信息是故事中的信息，接下来，我们将曹操的主观见解在这个基础上依次延伸。

1. 我要逐鹿中原，称霸天下。

2. 这是个好机会，我可以得到很多利益。

3. 讨伐董卓顺应民意，出师有名。

4. 不破不立，我将以一方诸侯的身份结束乱世。

5. 联军心怀鬼胎，不能成事。

6. 讨伐董卓，必须依靠联军的力量，我自己的力量是不够的。

7. 联军失去了一个绝佳的机会。

对照上下两段信息不难发现，前四点信息都在陈述讨伐董卓是一件非常正确的事情，而且做成这件事就可以结束东汉末年的乱世。而后三点内容，都在诉说联军的无能，最后白白丢失了这个绝佳的机会。

由此，我们便可以在结构并不清晰的故事中，建立金字塔模型。

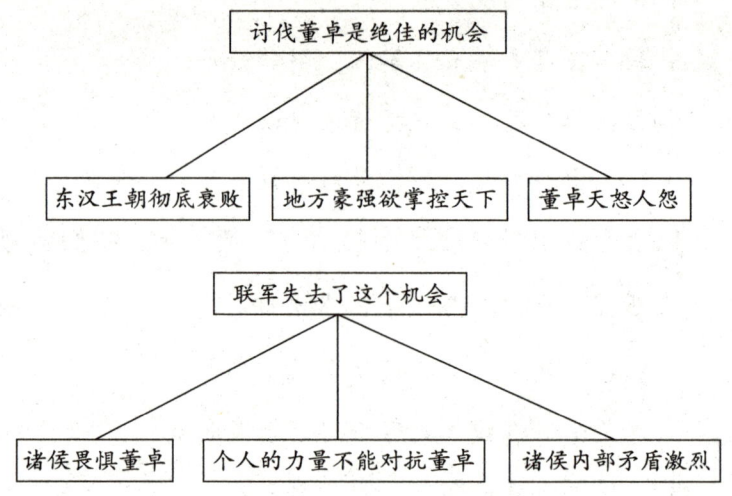

金字塔模型建立之后，就应该按照提炼出的信息，"自上而下"展开执行。但上一节的内容已经让我们了解到，在语言表达中应当根据逻辑关系建立语言的节奏，所以原本的金字塔就要重新组织起来，让内容更具有规律性。于是，当我们重新看本节的故事时，便能发现曹操的语言节奏是按时间顺序推进的。

但这个发现又引出了另一个问题，那就是为什么之

第二章 小有成就：提升语言表达能力

前的内容要用因果关系建立节奏，而本节的故事要用时间顺序呢？在实际运用中，又应该怎样选取合适的逻辑顺序呢？

建立语言体系，要以最终目的掌控内容节奏

在现实生活中，我们在语言表达时，通常都有一个最终的目的，或是说明一件事，或是说明一个观点。因此无论是表达的内容本身，还是语言的节奏，都要为这个最终的目的服务。而这个整体呈现出来之后，就是语言的体系。

例如，本节的故事中，曹操的最终目的，是要说明其他诸侯不足以一起共事，因此他想结束乱世，就必须消灭这些诸侯。从根本上说，这是在为他以后发动战争的行为做铺垫。所以他要让我们觉得，联军里的那些诸侯十分无能。在这个故事中，按照时间顺序展开讲述，便可以让我们先感受到希望，再感受到失望，从而对那些目光短浅的诸侯产生厌恶之情。

而在上节的故事中，曹操的最终目的，是要说明自己变成地方豪强的原因，本质上是在给他背弃最初的理想找借口。因此在上个故事中，按照因果关系展开讲述，便可以逐步递进他的观点，让我们感觉他的转变是顺理成章的。

建立语言体系，是让语言表达富有魅力的最终方式，是基于金字塔模型的逻辑性与条理性重新组织节奏后的产物。只有将之前所学的内容全部掌握，才能在各种场合中熟练运用。

【生活中的案例】

在一次班级的辩论会上，你负责正方第一个发言。辩论的主题是"科技的发展到底是利大于弊，还是弊大于利"。这时你应该如何组织自己的语言，让你的开场更有说服力呢？

【案例分析】

陈述自己的观点并说服对方认可你的观点，是十分考验语言表达能力的。因此，需要我们对本节的内容有一个整体的把握。

序言：科技的发展，已经为我们的生活带来了诸多的便利。试想一下，如果退回到原始社会，我们会是怎样的生活状态？

观点：人的生命是最宝贵的，如果没有科技的发展，

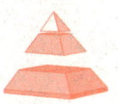

很多药品就不可能被发明出来，无数人都会因为一点儿小伤、一场小病而失去生命。跟生命比起来，科技发展带来的污染真的那么重要吗？

节奏：也许你会说科技发展还带来了武器，战争中牺牲的人也很多。即使没有科学技术的发展，没有高科技武器的发明，原始人的部落之间也会爆发战争，这并不是科技本身的问题。

体系：将科技发展带来的好处牢牢绑定在人类的生命上；将科技发展带来的其他副作用，归结到人类的不当使用上。

【本节总结】

提升语言表达，首先要学会引导听众的思维，进而掌握讲故事的方法，并且熟练运用各种逻辑关系，组织起语言的节奏，最终形成语言表达的体系。

第三章

游刃有余：完善思维逻辑

很多时候，即使你可以将所有的信息梳理出来，也很难将它们分组归类，以至于无法提炼出最终的思想。因此，如何通过金字塔原理提升我们的思维逻辑能力，就显得十分关键了。

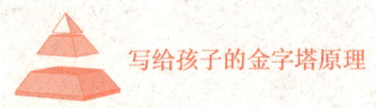

第一节 演绎推理与归纳推理

学会使用金字塔原理思考的第一步，就是掌握推理的能力。这也是我们罗列信息、归纳信息，最终提炼思想的重要方法。熟练使用两种推理模式，可以让我们从大量的信息罗列中解脱出来，从而更加高效地进行思考。

在金字塔模型建立之后，也可以通过推理方式进行检查以及进一步的思考，防止我们出现信息的遗漏。换句话说，掌握推理能力，是我们提升思维逻辑的重中之重。

【听曹操讲故事】

虽然讨伐董卓失败了，但我没有放弃努力，尽管在那个时候，我只是所有割据势力中最弱小的一个……

第三章 游刃有余：完善思维逻辑

那一年，联盟解散没多久，董卓就因为中了王允的连环计，被义子吕布刺死，紧接着就是李傕郭汜造反。这下连朝廷都名存实亡了，天下算是彻彻底底地乱了。简单来说，谁的兵马多、地盘大，谁就可以割据一方，根本不需要朝廷任免。

可偏偏我的力量非常弱小，其他诸侯都在互相征伐抢占地盘，我就算想抢也打不过他们。于是，我把目标放在了黄巾军的残余势力上。没错，尽管大部分黄巾军早就被剿灭了，但余部仍然有不少人割据一方，而且借着天下大乱，势力越来越强大。

要说跟黄巾军作战，我可以说是经验丰富。加上黄巾军本就是乱军，盘踞地方危害百姓，对他们进行讨伐，不仅师出有名，而且顺应民意，简直是老天爷赐给我崛起的机会啊！于是，我联系了当初一起讨伐董卓的诸侯鲍信，一起去攻打青州的黄巾军。

没办法，我也不想跟这些人一起打仗，可谁让我实力不济呢。

后来鲍信战死，他的军队由我指挥，让我有了用武之地。经过缜密的思考，我决定不与黄巾军正面交锋，而是采用奇袭伏击的战术，抓住黄巾军缺少将领指挥的

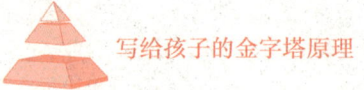

机会,终于将黄巾军击败。

这一战,我收降了三十万士兵,俘获近百万的人口,并将其中的精锐组成了"青州兵",其他人则是派到乡里种田劳作,发展生产。

至此,我终于拥有了和天下群雄一分高下的实力……

【故事分析】

以往我们看《三国演义》时,总觉得曹操好像异常强大,经常把刘备赶得到处跑。却很少知道曹操是如何积攒自己实力的,仿佛一开始他就是一个实力强劲的诸侯。实际上,即使在讨伐董卓之后的很长时间里,曹操仍然是十分弱小的,甚至都不敢与其他诸侯作战。在这个由弱变强的过程中,曹操所进行的思考,十分值得我们学习。

首先我们来看曹操面临的情况。

1. 朝廷衰败,诸侯并起,毫无秩序。

2. 兵强马壮者割据一方。

3. 我的实力非常弱小。

以上三点都属于事实,也就是现实环境中直接可以得到的信息。很显然,这三点信息内容并不能让我们对

第三章 游刃有余：完善思维逻辑

问题进行有效的思考。这种情况下，就需要使用逻辑推理延伸出更多的信息进行罗列。

逻辑推理的两种方式

现实生活中，我们在使用金字塔原理思考问题时，往往会遇到因为信息不够导致无法构建金字塔模型的情况。这时就需要利用两种常用的推理方式，帮助我们对基本信息进行有效的拓展。

第一种方式是演绎推理。这是一种线性的推理方式，强调的是由"因此"引发的结论，是通过演绎的方式将现有的信息推导出一个新的信息。其中典型的例子就是著名的"三段论"。

例如，所有的动物都需要呼吸，昆虫也是动物，所以昆虫需要呼吸；今天的练习册都是新的，这本练习册是今天发的，所以这本练习册是新的。

简单来说，所谓的演绎推理，就是从一个众所周知的事实中，找到我们需要的内容，从而推测出一般原理用于特定事物的结论。放在本节的故事中，也是同样的。

1.朝廷衰败，诸侯四起。我也是诸侯之一。因此我也可以发动战争，扩大势力。

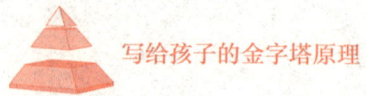

2. 兵强马壮者割据一方。我也想割据一方。因此我需要获得更多的兵马和钱粮。

3. 我的势力非常弱小。同样弱小的诸侯还有很多。因此我们可以联合起来。

通过这样的演绎推理,我们便可以得出和故事中曹操一样的结论,即联合其他弱小的诸侯,发动战争获得兵马和钱粮。

演绎推理的步骤

根据以上对故事的分析,我们可以总结出演绎推理的具体步骤。

第一步,从一个不需要推理的基本信息开始。

第二步,找出另一个与之相关联且同时存在的信息。

第三步,推理出两条信息中存在的因果关系。

下面我们使用演绎推理的步骤,继续分析故事中曹操的做法。

基本信息:我联合了鲍信。

相关信息:讨伐董卓的共同经历。

因果关系:我们虽然联合,但我要有所保留。

正是因为有这样的思考与推理,所以故事中的曹操

才能在鲍信战死后,顺势接管他的军队,最终通过自己的方式,击败青州的黄巾军获得成功。

在击败青州黄巾军的战斗中,这种演绎推理的方式依然在起作用。

基本信息:青州黄巾军盘踞多年,势力较大。

相关信息:黄巾军是农民起义军,缺少优秀的将领指挥。

因果关系:我不能跟他们正面交锋,而是要依靠奇袭击败对手。

这部分的思考内容,虽然与之前并不相同,但使用的演绎推理方法是完全一样的。可见只要把握住信息之间存在的因果关系,就可以使用演绎推理面对大多数的情况,帮助我们进行有效思考,从而获得更多有用的信息。

最后我们再来看曹操击败黄巾军后采取的行动。

基本信息:俘获了大量的士兵与人口,管理困难。

相关信息:我需要更多的士兵帮助我作战,也需要农民耕种粮食作为军粮。

因果关系:我可以将其中优秀的士兵组建成精锐部

队,跟随我继续作战。剩下的人则留在地方上种田,发展生产。

不难发现,这部分的推理比之前的两个相对复杂。因为其中的基本信息是一个需要解决的问题,即管理"俘获的士兵与人口很困难",所以需要我们在推理的过程中,尽量解决这个问题。

在相关信息中,无论是"需要士兵"还是"需要农民",本身就与基本信息中的"人口相关"。所以在演绎推理后,自然就可以找出里面的因果关系了。抽调优秀的战俘组成精锐部队,既解决了士兵的问题,又可以防止地方上的农民再次叛乱。

第二种方式是归纳推理。其用法和演绎推理正好相反。在归纳推理中,各信息之间并不存在因果关系,并不能直接推导出新的内容,所以需要我们在信息中寻找共性,进行总结。

例如,北方的乌鸦是黑的,南方的乌鸦是黑的,西方的乌鸦是黑的,东方的乌鸦是黑的。由此可得,天下乌鸦都是黑的;美国人来中国旅游,英国人来中国旅游,法国人来中国旅游,德国人来中国旅游,由此可得,有

很多外国人来中国旅游。

换句话说归纳推理就是对事物的个别属性进行概括，从而形成事物的一般属性。这种推理方式依然可以套用在本节的故事中。

1. 朝廷衰败，诸侯四起。袁绍在北边打公孙瓒，刘表在南边打孙坚，马腾在西边打韩遂，由此可得，所有的诸侯都在发动战争。

2. 兵强马壮者割据一方。袁绍坐拥河北，公孙瓒坐拥幽州，刘表拥有荆州，马腾占据西凉，由此可得，我需要占据一块地方并拥有自己的兵马。

3. 我的势力非常弱小。鲍信的力量很弱小，黄巾军残部的力量也很弱小，由此可得，我可以在这些势力的身上下功夫。

不难发现，虽然归纳推理的使用方法与演绎推理不同，但最后得出的结论是一样的。这也变相说明了曹操最终选择的合理性。

归纳推理的准则

在实际运用中，归纳推理比演绎推理要更困难一些，主要是因为演绎推理是一种线性的逻辑推理方式，我们只需要把握其中的因果关系即可。归纳推理却需要我们使用更具有创造性的逻辑思维，因为同一组信息中的"共性"往往不止一个。如果归纳出的共性偏离了我们要思考的目的，那么最后的结果也是天差地别的。

例如，在上文中"袁绍坐拥河北，公孙瓒坐拥幽州，刘表拥有荆州，马腾占据西凉"这组信息的共性可以归纳为"我也需要一块地方发展自己的势力"，也可以归纳为"争夺天下必须拥有一块地盘"，抑或"这些人都在自己的领土上经营了很多年"。

不难想象，如果当年的曹操选择了后两种归纳推理的结果，那他根本就不会去争夺天下。

因此，我们在进行归纳推理的过程中，要严格遵循以下两点准则。

1. 正确定义该组信息的共性，要让这个共性为我们的主题服务。

2. 删除该组信息中与其他信息不匹配的信息。

正如故事中，曹操需要让自己在乱世中发展壮大，由此归纳出的结果，必然符合有利于自身发展这一主题。所以他只能选择第一种推理的结果，这便是第一准则的

第三章 游刃有余：完善思维逻辑

体现。

至于第二条准则，曹操并没有列举同样是一方诸侯的黄巾军，因为这些势力跟他自身的条件有着本质不同，所以不具备参考价值。

使用演绎推理与归纳推理的注意事项

尽管上文已经对演绎推理与归纳推理分别进行了说明，但在实际运用中仍然会出现演绎推理与归纳推理相互混淆的情况或者推理错误的情况。

例如，所有的小学生都要努力学习，我是中学生，所以我不需要努力学习。

这段演绎推理很明显是有逻辑错误的，因为即使是中学生，也是要努力学习的。而这个错误的根本在于，没有将演绎推理的步骤理解透彻。虽然"所有的小学生"和"我是中学生"这两句话是有关联的，但这个关联的核心在于"学生"，而不是"小学生"和"中学生"。

继续用曹操的故事举例。

1. 袁绍在北边打公孙瓒。
2. 刘表在南边打孙坚。

073

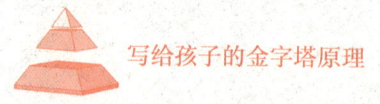

3. 马腾在西边打韩遂。

4. 我准备去打青州的黄巾军。

不难看出，1、2 和 3 是归纳推理的关系，而 1 和 4 是演绎推理的关系。

通过上述内容，我们就可以得出两个结论。

1. 在归纳推理中，我们通常要保持信息的主体不变，只改变具体行为，或者保持行为不变，只改变主体。换句话说，主体即句子中的"主语"，行为即句子中的"谓语"，两者只能改变一个。

2. 在演绎推理中，"步骤1"与"步骤2"的关联，要么是有相同的主语，要么是有相同的谓语，否则推理无法成立。也就是说，关联的内容必须是相同主体或行为。

【生活中的案例】

在一次期末考试中，你的成绩并不理想。你这学期的学习一直很努力，课余时间也没有什么其他的活动，为什么还会出现这样的结果呢？

【案例分析】

当生活中出现问题时，首先要做的就是解决问题。

第三章 游刃有余：完善思维逻辑

然而当你不知道问题出在哪里时，就要借助两种逻辑推理的方式，来找出问题的根源。

第一步，学习一直很努力与没有浪费课余时间，是不需要推理的基本信息。

第二步，学习内容的加深，学习科目的增加，学习方法的改变，都是与之相关的且同时存在的信息。

第三步，根据自身的情况，反过来通过第二步的内容去寻找存在的因果关系。这时你就会发现，学习成绩下降，也许只需要我们改变原来的学习方法，重新分配每一个科目的学习时间，就能找到解决问题的途径。

【本节总结】

1. 逻辑推理有两种方式，即演绎推理与归纳推理。

2. 演绎推理的三个步骤：第一步，从一个不需要推理的基本信息开始；第二步，找出另一个与之相关联且同时存在的信息；第三步，推理出两条信息中存在的因果关系。

3. 归纳推理的两个准则：一是正确定义该组信息的共性，要让这个共性为我们的主题服务；二是删除该组信息中与其他信息不匹配的信息。

4.进行逻辑推理时的注意事项：其一，在归纳推理中，我们通常要保持信息的主体不变，改变具体行为，或者保持行为不变，改变主体；其二，在演绎推理中，"步骤1"与"步骤2"的关联，要么是有相同的主语，要么是有相同的谓语，否则推理无法成立。也就是说，关联的内容必须是主体或行为其中之一。

第三章 游刃有余：完善思维逻辑

第二节　思考要有顺序

在上节中，我们已经了解了如何通过演绎推理与归纳推理帮助我们进行思考。归纳和演绎是两种常用的逻辑思维方式。而在之前的内容中我们已经了解到，构建金字塔思维模型的过程，就是将一组信息按照一定的逻辑关系进行提炼，从而得出更精练的信息，最终确定主题的过程。我们所用到的提炼信息的方法，也正是推理与归纳这两种方法。那么这就引出了另一个重要的问题，即我们在将掌握的信息分组提炼之前，是否已经划分好了它们的逻辑顺序？

简单来说，就是同一组的信息中有可能存在"跳级"的现象。本该出现在第二层中的总结性内容，被我们放在了第一层的信息里。这显然是无法帮助我们思考的。

如果我们使用的是演绎推理,信息之间存在着因果关系,在检查时是很容易发现这种错误的。但如果我们使用的是归纳推理,那么这种错误就很难避免了。因此,在使用推理进行思考时,一定要学会按照逻辑顺序进行思考。

【听曹操讲故事】

自从剿灭青州的黄巾军后,我终于拥有了逐鹿天下的实力。实力的增长必然伴随着各种麻烦,真是让人十分头疼。

初平四年的秋天,我的父亲曹嵩在兖州时,被陶谦的手下杀害了。所谓杀父之仇不共戴天,我当即带兵杀向了徐州为父报仇,顺便拓展一下自己的势力。

可惜的是,陶谦在徐州经营多年,可以说是兵精粮足。他一直闭门不战,我不得已只能退兵。尽管如此,我仍然没有放弃,第二年再次带兵讨伐,而且比上次准备得更加充分。可事情的发展大大出乎我的预料,这次出兵差点儿让我满盘皆输。

我带兵离开陈留后,先是遇到了刘备来援救陶谦的军队,刘备军队的到来让徐州的防守能力瞬间提高了一

第三章 游刃有余：完善思维逻辑

个等级。与此同时，我曾经的救命恩人陈宫居然联合了陈留的张邈兄弟同谋叛乱！他们还把吕布这个流浪多年的当世虎将迎到了濮阳，直接把我的大本营给占领了。我只剩下区区几个城池还在坚守，形势万分危急。

没办法，我只能放弃徐州，掉头赶回老家跟吕布作战。那可真是一场噩梦啊！吕布本就勇猛无比，加上陈宫的辅佐，打得我节节败退。如果不是程昱极力劝阻，我几乎就要去投奔好兄弟袁绍了。

好在又过了大半年，我凭借着在老家的影响力，再次跟吕布交战，终于将他从我的地盘上赶了出去。此时的徐州已经被陶谦让给了刘备，吕布只能选择跟刘备联合。

刘备和吕布这几年都在流浪，本就有点儿惺惺相惜的感觉，他们的联合我早就预料到了。只是吕布本就勇猛异常，刘备更是当世之枭雄，还有关羽、张飞两个兄弟以及出谋划策的陈宫……让他们盘踞在徐州，简直就是在我的头顶上悬了一柄利剑啊！

说真的，这不是我想看到的结果，但为了将来的霸业，我别无他法。

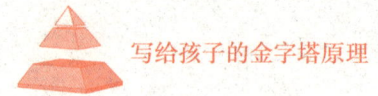

【故事分析】

从这节开始,曹操的故事将进入我们更加熟悉的三国时代,很多耳熟能详的历史人物会陆续登场,给我们带来更多值得分析的案例。在这个故事中,我们能明显感觉到,曹操面临的困境更加复杂,需要他同时面对多个对手带来的危机。在这种情况下,思考问题的逻辑顺序就非常重要了。

逻辑顺序的三种模式

在前文介绍原理基本内容的时候,我们曾了解过,组成金字塔模型的每一组信息之间都存在着某种逻辑关系,但是并没有详细讲述其中的逻辑关系到底是什么。现在就让我们以曹操的故事来举例说明,先看看他这次面临的困境。

1. 带领主力部队在徐州作战,后方空虚。
2. 陶谦在徐州兵精粮足,又有刘备军前来援助。
3. 陈宫在后方伙同张邈兄弟叛乱。
4. 猛将吕布趁机占领大本营。
5. 大后方岌岌可危。

面对以上罗列出来的信息,按照之前所学的内容构

第三章 游刃有余:完善思维逻辑

建金字塔模型,首先要做的就是分组提炼内容。当我们试着去做这项工作时,就会发现这些信息和以往的案例并不相同,有些似乎是原因,有些似乎是结果。强行分组并不能让我们的思考更加有效。在这种情况下,我们需要先确定信息之间的逻辑顺序。

以前因后果来确定逻辑顺序,即通过信息之间的因果关系,确定逻辑顺序。

因为徐州有了刘备的援助,所以我久攻不下;因为我久攻不下,所以被陈宫发动了叛乱;因为陈宫发动叛乱,所以吕布来到了濮阳;因为吕布来到了濮阳,所以后方岌岌可危。因此,问题的关键在于我要先回到大本营才能脱离困境。

将整体划分为部分或将部分组成整体来确定逻辑顺序,即通过信息之间存在的空间关系,确定逻辑顺序。

徐州方面久攻不下,继续打下去,就算攻克徐州,我的实力也会受到很大的损失。大本营方面叛乱严重,吕布有勇,陈宫有谋,老家很快就会被全部占领。因此必须先保住根本,徐州只能放弃。

将类似的信息分成一组来确定逻辑顺序,即以信息

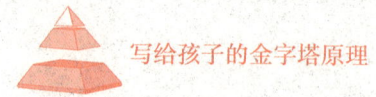

之间的共性,确定逻辑顺序。

刘备和吕布都是意外出现的势力,相比而言,吕布初到濮阳,不得民心,相对好对付;徐州和老家都是我要得到的地盘,相比而言,老家是我的根基,绝对不能被占领。因此回老家平定叛乱才是最重要的。

以上三种逻辑顺序的思考方式都是正确的,也都可以根据具体情况拿出来单独使用。根据以上的分析,我们可以看到,曹操最后的选择也是果断放弃了徐州,先回到濮阳和吕布作战。虽然历史不容假设,但从后来的发展来看,这个选择无疑是明智的。

回到主题,下面我们将继续了解这三种逻辑顺序的具体使用方式。

以前因后果来确定逻辑顺序,思考的是时间

当你在思考的过程中决定采取某种行动的时候,必然是认定你的行动会让你达到某个预定的效果或结果,所以你首先要做的就是确定你要达到的目标是什么,然后再考虑为了达到这个目标,你应该采取哪些行动。

当你为这个目标采取了多个行动的时候,这些行动就共同组成了一个过程或一个体系。因此,你思考问题

第三章 游刃有余：完善思维逻辑

时所遵循的逻辑顺序，一定是在这个过程或体系中确定的顺序，而这个顺序会自然地表现为时间顺序。

曹操最终的目标是结束乱世，为了这个目标，必须占领更多的城池；想要占领更多的城池，则必须拥有一个稳定的根据地作为基础。

这便是曹操实现最终目标的逻辑顺序，在这个顺序的指导下，他在面对后方反叛的时候，只能放弃原本可以到手的徐州。毕竟，刚刚到手的徐州无法像老家一样为他提供支持，更不可能作为稳定的根据地存在。

由此可见，以前因后果来确定逻辑顺序，需要思考的就是各部分实施的时间关系。

将整体划分为部分，或将部分组成整体来确定逻辑顺序，思考的是空间结构

与因果关系不同，整体和部分更侧重于分析事物的内在结构。所谓的"空间"实际上是一个抽象的概念，指的是整体中包含几个部分。我们需要思考，构成整体目标都需要哪方面的条件，抑或将一些散落的小方面内容组成一个整体，这些组成部分组合在一起后，能否达成一个统一的目标。换句话说，就是需要你解剖所面临

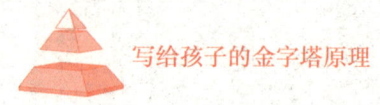

问题的内部结构。

在故事中,曹操面临的问题是如何获得更多的地盘,壮大自己的实力。按照空间结构,这个问题可以分成到底是先占领徐州,还是先保住老家。由此再分析这两种具体情况的利弊得失,自然可以得出先保住老家的结果。

将类似的信息分成一组来确定逻辑顺序,思考的是程度

当你将手里的信息和需要面对的问题罗列出来之后,按照其内容的"共性"来进行分组,归纳概括,实际上并不是一件很困难的事。这方面的内容,我们已经在前文中介绍过很多次了。然而问题是,这些信息之间虽然都有"共性",但其"共性"的程度是不一样的。

例如,你现在正坐在考场考试,时间马上就要到了,但你还有很多题没做完,一部分是一道题一分的选择题,一部分是一道题十分的简答题。尽管选择题与简答题都是你在完成目标的过程中所要处理的问题,你可以按照共性的原则,将它们都归纳到同一组中,但很显然这两个问题的"重要程度"是完全不同的,而这个"重要程度"

第三章 游刃有余：完善思维逻辑

就是你要思考的逻辑顺序。

【生活中的案例】

寒假期间，已经临近过年，家里来了很多亲戚朋友，需要你帮父母招待。与此同时，几个比较要好的同学找你出去玩儿。但眼下最重要的还是你的寒假作业没有完成，而且马上就要开学了，新学期的学习任务更加繁重。这时你应该如何安排这段时间？

【案例分析】

当生活中同时出现了很多问题时，思考处理这些问题的逻辑顺序就十分重要了。

1. 过年时家里的事情需要我帮忙。
2. 朋友约我出去玩儿。
3. 寒假作业没有完成。
4. 为新学期做准备。

以上都是我们需要面对和处理的问题。接下来我们依次使用不同的逻辑顺序进行分组。

1. 这组信息中，并不存在前因后果的关系，因此不考虑这个逻辑顺序。
2. 根据整体和部分，可以划分为"家庭"和"学校"两个部分。

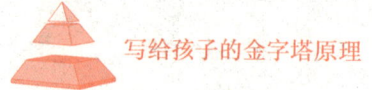

3. 根据信息的共性，可以划分为"生活"和"学习"两组信息。

接下来，进一步对分组后的内容进行思考。

相比较而言，根据我们自身的现状，作为学生还是应该以学习为重，其他部分的内容应当做出一些取舍，因此应该选择最后一个分类方法。于是只要再思考两者的程度，便能得出应该先完成假期作业和为新学期做准备，再处理其他的事情。

【本节总结】

1. 在思考逻辑顺序的时候有三种方式，即以前因后果来确定逻辑顺序；将整体划分为部分，或将部分组成整体来确定逻辑顺序；将类似的信息分成一组，来确定逻辑顺序。

2. 以前因后果来确定逻辑顺序，思考的是时间；将整体划分为部分，或将部分组成整体来确定逻辑顺序，思考的是空间结构；将类似的信息分成一组，来确定逻辑顺序，思考的是程度。

第三节　按时间顺序思考

在本书中我们将在上一节内容的基础上继续拓展三种逻辑顺序的内容。

首先来看以因果关系确定逻辑顺序的方式。事实上，按照时间顺序进行思考，属于相对容易理解的内容。因为这样的思考逻辑顺序应用非常广泛，我们大多数人即使在很小的时候，也会不自觉地使用这种逻辑顺序思考问题。

例如，做一件事，第一步要如何，第二步要如何，第三步要如何。其内在逻辑，正是各步骤之间存在因果和承接关系，换句话说，就是你如果不做第一步，那就无法开始第二步。

但这样的逻辑顺序也存在一个问题，那就是在我们思考实现目标的过程需要哪些要素时，这个要素可以是具体的可实施的"行为"或"行动"，可以是带有行动性质的思想，如"建议"和"请求"，也可以是我们在大脑隐含的思维中直接得出的结论。

这就容易让我们在实际思考中混淆"原因"与"结果"，最后导致逻辑混乱，抑或不自觉地忽略掉我们在隐含思维中进行的某种逻辑思考的过程。

那么我们该如何更好地按照时间顺序进行逻辑思考呢？那就让我们开始本节的故事吧。

【听曹操讲故事】

自从吕布和刘备联合之后，我就一直想除掉他们。但这两个人长久以来都在流浪，好不容易得到一块地方，又怎么会轻易放弃？

虽然我也尝试过驱虎吞狼之计，让他们两个产生矛盾互相残杀，可刘备实在太能忍耐了，居然能硬生生地容忍吕布抢了他的徐州。由此可见，此人不除日后必定成为心腹大患。

然而，就在我心烦头痛的时候，长安发生了一件大

第三章 游刃有余：完善思维逻辑

事。董卓残党李傕和郭汜发生火并，原本被他们掌握在手里的汉献帝趁机逃了出来，并下旨召各路诸侯勤王。

按理说，自从天下大乱以来，汉室衰微，地方豪强并起，大家争夺地盘靠的是手里的兵马，根本不在乎什么皇帝不皇帝的了。

毕竟，身为一方诸侯，在地方上可以随心所欲，若是真把这个皇帝迎到身边，你就不能不顾及他的存在，必须把他奉为天子。在很多人看来，这就是个毫无用处的累赘，可我的看法和他们不同。

首先，现在的天下虽然混乱，但还没有真正地改朝换代，平民百姓和士族阶层，大多还是认可大汉天子的。其次，我一直以来打的旗号都是匡扶汉室，迎接汉献帝本就是我的初衷。没错，匡扶汉室并不是刘备一个人的专利，我曹孟德这一生，所做的事业也是在匡扶汉室。最后，也是最重要的一点，那就是汉献帝并不是没有用的累赘。

如今的各路诸侯，虽然有着很大的权力，但是在法统上仍然要尊重汉朝的统治。即使是互相征伐发动战争，也必须要师出有名。例如，之前我们十八路诸侯讨伐董卓，打的旗号就是铲除奸贼。再比如，我去打徐州，打的旗号便是为父报仇。若是没有这些旗号,即使实力强劲能战胜对手,道义上也是理亏的,就算赢得地盘,也很难维持稳定的统治。

可迎接汉献帝之后就完全不一样了。无论我想做什么,都可以说是皇帝的旨意,所谓的"挟天子以令诸侯"指的就是这个意思。掌握了汉献帝,就等于掌握了天下正统和话语权,好处太多了。

于是,我放弃了跟吕布和刘备继续较劲的想法,火速带人迎回了汉献帝,迁都许昌。汉献帝也主动加封我为司空,位列三公。至此,我便拥有了凌驾于其他诸侯之上的特殊地位,真正成为任何人都无法轻视的存在。

【故事分析】

这个故事的开始,先讲了曹操在徐州的失败,放走吕布和刘备,无疑是一个巨大的隐患。然而即使在这种绝对的劣势下,曹操依然找到了属于自己的机会,获得了成功。不仅让自己的势力得到了进一步的发展,还为以后平定北方的事业打下了稳定的基础。

其主要原因,就是曹操对当时所处的环境进行了充分的思考。纵然是在那样复杂且混乱的情况下,曹操仍然准确地做出了最优的决策方案。这样的成功案例正好

第三章 游刃有余：完善思维逻辑

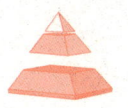

可以为我们解答在本节开篇时提到的问题，即如何避免混淆时间顺序中的因果以及忽略结论的逻辑思考过程这两个问题。

根据结果寻找原因

前文说过，同一组的行动或内容，是为了达成某个共同的特定结果，但是如果这个过程完成的周期过长或者步骤过多，那么就会出现很多个层面的原因与结果，从而造成逻辑的混淆。

例如，在故事中曹操要达成的目的以及他所采取的行动就是这种情况。

目的：结束乱世，恢复东汉社会的稳定。

行动：1. 我要成为一个独立的势力。

2. 我要吞并更多的地盘。

3. 我要攻打其他的诸侯。

4. 我要训练更多的兵马。

5. 我要获得更多的钱粮。

6. 我要师出有名。

很显然，想要完成最终的目标，这六个行动都是需要曹操完成的。但仔细观察就会发现，这些内容并不在同一个逻辑层面上。换句话说，其中一些行动是另一些行动的前提条件，是为了实现另一个行动而存在的。

因此我们可以得出，在这六个行动中，某些是可以组合在一起形成因果关系的。如果不清楚地将这些步骤划分出来，那么就会陷入逻辑混乱的局面中。接下来我们试着划分其中的因果关系。

1. 我要吞并更多的地盘，才能成为一个独立的势力，因此我需要攻打其他的诸侯获得地盘。

2. 为了跟其他诸侯作战，我需要更多的兵马和钱粮，并且还要师出有名。

经过这样的规划和组织，我们可以清楚地看出每个行动之间的因果关系，从而确定在完成目标时需要遵循的逻辑顺序。同时还能根据这个顺序，检查每个行动是否是合适的，是否能让我们得到想要的结果。

通过对六点内容的因果关系整理可以发现，曹操想要完成最终的目标，要先获得足够的兵马和钱粮跟其他诸侯作战，从而吞并更多的地盘，成为一个实力强大的诸侯。

而在这个逻辑顺序中，"师出有名"相对其他行动

显得比较独立。因为在以往的战争中,发起战争的一方是可以根据当时的情况找到相应的战争理由的。当时的其他势力基本上都是这样做的,因此很少有人会刻意关注这个问题。

所以,当汉献帝对诸侯发出号召时,大多数诸侯都没有选择行动。然而,如果整体把控完成目标的逻辑顺序,"师出有名"却又是一个不可或缺的前提条件。

发现隐含的逻辑思路

在按照时间顺序进行逻辑思考时,常常会出现忽略思考过程而直接得出结论的情况。换句话说,就是通过简单的因果关系判断,直接得出结果,导致其中的重要环节被忽略。

例如,在曹操迎接汉献帝的时候,袁绍的谋士也曾提出过相同的建议。而且袁绍当时的位置离汉献帝更近,如果采取行动会比曹操先一步接触到汉献帝,然而袁绍却并没有这么做。

按照时间顺序思考问题,需要我们对完成目标的所有行动进行全面的思考,发掘其中的隐含思路。尤其是面对复杂的情况时,这种隐含的逻辑思路往往会决定整

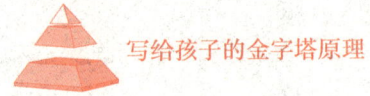

个目标的成败。

例如,在故事中,曹操正在面临刘备和吕布的威胁,并且一直在寻找方法削弱对方的实力。这时他的逻辑思路仍然停留在"吞并地盘,获得更多兵马与钱粮"上。但是当汉献帝对诸侯发布号召后,曹操立刻察觉到这是一个让自己"师出有名"的好机会。

而且最重要的是,地盘可以以后再抢,但如果现在不去迎接汉献帝,以后就没有这个机会了。于是,曹操这时的逻辑顺序,就变成了"先让自己师出有名,再去吞并地盘"。这便是逻辑顺序中的隐含思路。

使用时间顺序进行思考时,我们通常都会将所有的行动按照因果关系提前进行规划。但这样的做法往往会让我们出现遗漏和混淆。因此,必须时刻注意实际操作过程中出现的变化,不能一味地按照原有的步骤思考。

例如,"师出有名"是一个非常重要的前提条件。但因为以往的战争中,所有诸侯都没有什么太正当的"名",所以这个条件就被很多人忽略了,导致除了曹操,其他人都没有及时意识到迎接汉献帝带来的好处。

第三章 游刃有余：完善思维逻辑

【生活中的案例】

你是班级的文艺委员，负责的老师要组织一次班级的合唱比赛，而你为了让班级获得荣誉，主动为自己的班级报了名，结果却因此受到了同学的敌视。为什么会出现这样的情况呢？

【案例分析】

你做了一件事，导致了一个不好的后果。因此是很明显的"因果关系"，需要你按照时间顺序思考：

即由于我为班级报名了合唱比赛，所以遭到了同学的敌视，因此我应该去取消报名。

然而，这样分析问题，其实就出现了逻辑混淆的情况。因为"报名比赛"不一定是导致同学出现"敌视"的全部原因。这便是因果逻辑混淆，与思维遗漏。

你想要的结果，是同学们恢复对你的认可。因此你要做的，不是否认自己之前的做法，而是证明自己没有错。

同学们为什么会对你产生敌视？这其中的原因，很有可能是同学们不想参加合唱比赛，觉得在全校师生面前唱歌，是一件很难为情的事情。而找到了这个原因之后，便能发现"合唱比赛"与"难为情"的隐含逻辑思路。

那么再根据推理出来的内容，你可以将两者联系起来。例如和同学们沟通，告诉他们参加合唱比赛是全班同学的集体活动，到时候是大家在一起唱歌，不会突出某个人，所以并不会感觉不好意思。这样不仅能打消同学对比赛的抵触情绪，还能证明你的做法是正确的。

【本节总结】

1. 在按照时间顺序进行逻辑思考的过程中，容易出现因果逻辑混淆和思维遗漏的问题。

2. 根据结果寻找原因，发现隐含的逻辑思路，可以有效避免这两个问题的出现。

第三章 游刃有余:完善思维逻辑

第四节　按照结构顺序思考

结构顺序的思考逻辑,实际上就是将一个问题分成多个部分。换句话说,就是根据对各部分的划分,来决定行动的顺序。因此,这样的顺序会拥有一个清晰的结构模型,而且这个模型通常都是以"空间"的方式存在的。

需要注意的是对结构的划分必须是合理的。因此需要我们遵守两个准则:其一是各部分之间相互独立,没有内容的重复;其二是所有部分必须分到不能再分为止,不能出现遗漏。如果在思考中没有做到以上两个准则,就极有可能出现非常严重的后果,例如下面的故事。

【听曹操讲故事】

迎接汉献帝绝对是我曹孟德前半生最正确且最重要

的决定。此举不仅让我的所有行为有了正当理由，还让我获得了大汉的法统。虽然当时的诸侯已经不在意皇帝的威严了，但那是因为汉献帝手里缺少军队。而当我迎回汉献帝后，我的兵马正好可以弥补这一点不足。如此一来，汉室的正统性也就得到了一定的恢复。

建安二年，我带兵讨伐宛城的张绣，原本以为又会是一场艰苦的鏖战。万万没想到，张绣居然很快就投降了。究其原因，一来是因为我兵强马壮，势不可当，二来是因为我有天子在手，投降于我就等于回归朝廷的统治，名正言顺，合情合理。

自从我起兵以来，还是第一次这么顺利。若是以后都能这样不战而屈人之兵，那霸业岂不是很快就可以实现了吗？

于是，我有些得意忘形，喝了不少酒，不但在巡逻防范方面有所松懈，而且在听说张绣的婶婶十分貌美后，索性又让典韦将该女子接到了我的住处。这绝对是我这一生中所做的最令我后悔的一个决定。

原本已经投降的张绣得知这件事后勃然大怒，觉得受到了奇耻大辱。当晚他便带兵反叛，趁我不备偷袭我的大营。仓皇之间，我根本来不及准备，多亏了大将典

韦奋死阻挡追兵,才让我侥幸逃了出来。

然而典韦将军却因为我的得意忘形战死了,侄子曹安民也死在了乱军之中。最后连我最疼爱的长子曹昂也因为掩护我被追兵一箭射死。

直到第二天清晨,我狼狈地站在旷野之上,不敢相信这竟然是真的。一夜之间,我失去了原本到手的宛城,失去了得力的大将和最喜爱的长子,怎么会这样呢?

后来,我重整兵马追击张绣,想要为死去的人报仇,可接连两次都没有彻底击败张绣,最后只能放弃。

【故事分析】

在这个故事中,曹操因为一时疏忽,丧失了原本的大好局势,并失去了长子和大将。表面上看,这次失败的原因是曹操的得意忘形,但如果仔细分析,就会发现曹操的得意是因为之前获得的成功,而忘形则是因为思考顺序出现了问题。

换句话说,正是因为没有通过仔细的思考意识到潜在的危险,曹操才会在接受张绣投降后无所顾忌地放纵自己,进而导致了难以挽回的重大损失。

故事中,曹操面临的问题可以分成两个部分。

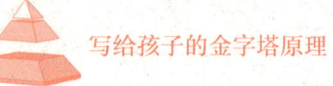

1. 内部：兵强马壮，汉献帝在手。
2. 外部：大军压境，张绣投降。

在通常情况下，如果只按照上一节的时间顺序思考，很容易发现其中的因果关系：

即因为我兵强马壮又有汉献帝在手，所以大军压境之后，张绣很快就投降了。

然而当我们用结构顺序划分出两个组成部分后，就会发现"内部"和"外部"两方面的因素虽然有联系，但也是相对独立的。不能因为"内部"的优势，就忽略"外部"的威胁。因此，只思考问题的时间顺序，忽略了问题的结构顺序，才是导致曹操失败的根本原因。

按结构顺序思考时的注意事项

在使用结构顺序进行思考时，我们经常会遇到这样的情况，即尽管已经将整体目标分解成了各部分的小目标，但是在思考具体行动顺序的时候，还是容易陷入"时间"或者"程度"的惯性逻辑思维之中，而这也是结构顺序不容易理解的地方。

所以我们有必要区分一下三种思考顺序的应用情况和各自的特点。

第三章 游刃有余：完善思维逻辑

1. 如果目标划分后，都指向一个最终的结果，且组成各目标的部分能组成一个有承接关系的逻辑过程，那么就要按照时间顺序安排行动。

2. 如果目标划分后，强调对目标完成的重要性，且各部分出现不同程度的归类，那么就要按照程度顺序安排行动。

3. 如果目标划分后，强调的是各部分组成的结构，且呈现的是"空间"状态的分布，那么就要按照结构顺序安排行动。

通过三者的对比，我们不难发现，时间顺序的逻辑一般都是分成先后顺序的，必须要先完成前一个，才能进行下一个。而程度顺序与结构顺序，则不存在这个问题，这两个逻辑顺序的组成部分，通常都是同时进行的。

我们再做进一步区分，程度顺序中的组成部分，因为对完成目标的作用并不相同，所以可以分成重要的部分和不重要的部分。而结构顺序中，则是所有的部分都对目标有着相同的作用。

例如，曹操如果想顺利吞并宛城，"内部"实力的强大和"外部"张绣的归降是缺一不可的。因此当曹操

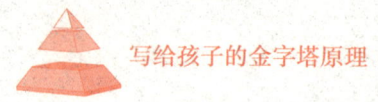

沉迷于"内部"的优势时，自然就会遭遇失败。

反观上一节的故事中，曹操迎接汉献帝是前提条件。如果不能师出有名，那么称霸之路将变得步履维艰，自然也就无法进行到下一步。

思考结构顺序，既是方法也是过程

通过以上分析，我们还可以得出一个非常重要的结论：按结构顺序思考，本身就是一种安排顺序的思考方式。

三种思考顺序的展开，都是要先对问题进行分组。而在分组的时候，我们可能并不知道该使用哪种逻辑顺序进行思考。但结构顺序的巧妙之处就在于任何问题都有其形成的原因，而且这个原因肯定是分成多方面的。

因此，当我们将问题按照结构拆分成许多个组成部分时，自然就可以发现各部分之间存在的逻辑关系，并以此来判断到底应该使用哪种逻辑顺序进行思考。

【生活中的案例】

学校组织了一场拔河比赛，你所在的班级实力较弱，但是又想赢得这场比赛，作为班级的代表之一，你应该怎样做呢？

第三章 游刃有余：完善思维逻辑

【案例分析】

想要赢得比赛，可以将这个整体的目标分成三个部分，例如：鼓舞士气，研究战术，有效执行。自古以来，这三点内都是军队作战成功的必要因素，和参加拔河比赛异曲同工，必须同时满足，属于典型的结构顺序。

接下来，再按照划分出来的三个部分来想办法满足相应的条件。

例如：鼓舞士气，可以向同学们讲述班级荣誉的重要性，告诉大家这是证明班级凝聚力的重要时刻，让大家团结一致。研究战术，可以尝试跟组织老师沟通，改变出场的次序，获得与自己实力相当的对手，再与班级里有力气的同学沟通，让他们找到发力的时间点，一举拿下对手。有效执行，可以在比赛时和参加拔河的同学制定好暗号，当发现对方坚持不住的时候，一起发力，赢得比赛。

由此便可以在组成整体的各部分中，都获得一定的优势。而当这些组成部分的优势合在一起时，赢得比赛的概率也就更大了。

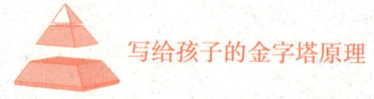

【本节总结】

1. 结构顺序是对整体的划分或重组,以判断各部分行动能否达到该部分的目标。

2. 结构顺序既是一种思考的逻辑方法,也是一种思考的过程。

第三章 游刃有余:完善思维逻辑

第五节　按程度顺序思考

程度顺序的思考逻辑,就是思考问题各部分的重要性。简单来说,就是当我们想要做成一件事的时候,先要思考这件事中的哪一部分是最重要的,并以此来决定行动的顺序。就像在面对一场考试时,我们通常都要先把熟悉和擅长的问题做完,把更多的时间留给不确定的题目。其实这就是在按照程度顺序进行思考。

不过,按照程度顺序的思考逻辑,也存在一个关键的问题,那就是在面对复杂情况时,如何根据程度进行分组呢?这就要借助之前所学的归纳推理和演绎推理了。

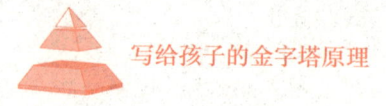 写给孩子的金字塔原理

【听曹操讲故事】

经过了上次的失败后,我痛定思痛,逐渐调整心态,继续未完成的事业。

在谋士的建议下,我以汉献帝的名义让刘备去攻打袁术,进一步制造了他和袁术的矛盾,最终让这"大耳贼"离开了徐州,转而投靠到了我的麾下。紧接着,我又兵分两路,一路剿灭李傕的残党,一路继续剿灭独占徐州的吕布。只要完成这一切,在中原地区我将再无敌手,称霸之路上的阻碍便只剩下河北的袁绍了。

然而,平定中原的过程并没有想象中那般顺利。虽然吕布和袁术的力量远不如我,但他们的垂死挣扎还是让我吃了不少苦头。好在刘备已经归顺了我,在我们的共同努力下,总算是彻底剿灭了吕布的势力,还让我收获了大将张辽。接下来,我要做的便是一边清理袁术的残党,一边准备跟袁绍的决战。

我好心为刘备向汉献帝请赏加封,本意是想拉拢他为我所用。但我万万没想到的是,这"大耳贼"居然直接跟皇帝认了亲戚,成了大汉皇叔。不仅如此,那小皇帝还下了个"衣带诏",要伙同刘备等人将我秘密铲除。

趁着我对付袁术和备战袁绍的间隙,刘备带着关羽、

第三章 游刃有余：完善思维逻辑

张飞再次回到了徐州，重新割据一方。这突如其来的变故，让我又不得不再次回到徐州讨伐，和袁绍决战的事只能一拖再拖。

为了不在决战中腹背受敌，我只能继续平定中原。趁着刘备在徐州立足未稳之际，我抽调精锐部队，以迅雷不及掩耳之势进攻徐州城池，最终打得刘备仓皇逃窜，连关羽都不得不归降于我。

至此，我终于可以再无后顾之忧，全力以赴跟袁绍决一死战了。

【故事分析】

这个故事发生在官渡之战前夕。可以看到，曹操在进行这场著名的战役之前，做了非常多的准备，面对的情况也是非常复杂的。而在这一系列的操作中，他对于各部分的程度顺序进行了仔细思考，这一点非常值得我们借鉴和学习。

创建正确的逻辑分组

通过之前的学习，我们已经可以根据事物的"共性"进行逻辑分组并概括其内容，从而搭建金字塔的思维模型。但在进一步的思考顺序中，这种分组则不仅要注意

"共性",还要注意其中的逻辑关系。由此,我们可以进行如下的分析。

目标:平定中原,与袁绍决战。

行动:1. 准备充足的兵力和粮食。

2. 取得正当的战争借口。

3. 将主力调往前线备战。

以上三点是开始决战前的准备,与最终的目的属于因果关系,但互相之间并不存在逻辑关系,因此可以同时进行。按照上节所学的内容,便可以排除时间顺序,只考虑其中的结构顺序和程度顺序。

显然,这三点都是决战前缺一不可的条件。因此在这个分组中的思考顺序,可以直接使用上节详细介绍过的结构顺序。

我们继续将这三点延伸。

1. 准备兵力和粮食:经过几年的发展,我已经兵强马壮,粮食充足,可以进行决战。

2. 取得正当的战争借口:汉献帝在手,只要发布除灭叛贼的圣旨,自然出师有名。

3. 将主力调往前线:我需要先消灭称帝的袁术、李

第三章 游刃有余：完善思维逻辑

傕的残党、盘踞徐州的刘备和吕布，否则一旦开战，便会腹背受敌。

通过以上分析我们发现，虽然这三点都是决战的准备条件，但明显第三点内容是需要优先解决的。而且这里所说的优先，并不是因为第三点内容和前两点存在因果关系，而是因为它最难完成。因此，曹操在行动中，首先要做的就是平定中原的其他势力，为决战创造一个稳定的后方环境。这便是按照程度顺序进行思考。

而在实现第三点内容的过程中，同样存在程度顺序。

例如，为什么要先剿灭袁术和李傕？因为袁术是第一个称帝的诸侯，不剿灭他不能证明曹操是在匡扶汉室。李傕是董卓的残党，曾经要挟过汉献帝。于是曹操便最先开始了对袁术和李傕的讨伐，接着才是剿灭徐州的吕布和刘备。这些都是程度顺序思考的体现。

灵活运用不同的逻辑顺序

通过以上的内容，我们已经对三种思考逻辑顺序的方式都有了深入的了解。在实际运用中，逻辑顺序的使用并不是孤立存在的。对一些复杂问题进行思考时，在不同的分组中，可能需要我们使用不同的逻辑顺序进行

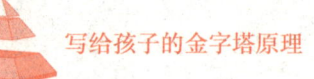

思考。

例如，在本节的故事中，曹操的思考过程，最初就是使用了结构顺序，而在其中的一点内容中则使用了程度顺序。如果再进一步划分，在完成剿灭吕布的目标中，曹操首先瓦解了吕布和刘备的联盟，然后联合刘备彻底歼灭吕布，这又是存在因果关系的时间顺序。

因此，面对不同的情况，要学会分析每件事的具体条件，并根据这些条件找出它们之间的逻辑关系，从而使用不同的逻辑顺序进行思考，最终达到能够灵活运用三种思考顺序的程度。

【生活中的案例】

马上就要期末考试了，但是你的三科成绩并不突出，想要在最短的时间内取得更好的成绩，你应该如何安排复习计划？

【案例分析】

在通常情况下，语文、数学和英语，三者是同样重要的，都是提高成绩的组成部分，因此应该采用结构顺序进行思考。但是在期末考试前夕这种特殊的情况下，三者的逻辑顺序便会出现不同的变化。

第三章 游刃有余：完善思维逻辑

例如，想要提高语文和英语的成绩，都需要长期的积累和学习，因此短时间内难以得到巨大的提升。但数学可以因为学会了某个题型而获得相应的分数。于是在这样的情况下，数学的"重要性"便高于其他两科了。最后的结果，自然就是先集中精力复习数学了。

【本节总结】

1. 程度顺序不仅仅是指"重要性程度"，还需要根据具体情况进行分析。

2. 三种逻辑思考顺序需要灵活运用，不能刻板地对号入座。

第四章

大显身手：学会解决问题

  一切的思考都要以解决实际问题为出发点，这才是我们学习原理的最终目的。然而，在实际生活中出现的问题是多种多样的，很多时候都没有规律可言，只有根据事物的变化，分析并找出事物具体的规律，我们才能将金字塔原理广泛地应用到生活之中。

第一节 解决问题的步骤

在生活和学习中,我们遇到的问题虽然复杂多变,但总结起来只有三方面的内容:

1. 我应该做什么?

2. 我应该这么做吗?

3. 我应该怎么做?

根据这三个问题针对的不同方面,我们可以进一步找出对应的解决方案:

1. 找出问题的成因,明确我该做什么。

2. 分析问题的结构,明确我该不该这么做。

3. 找到想要的结果,反推出我该怎么做。

实际上,以上三个步骤就是我们解决所有问题都要经历的过程,也是金字塔原理在解决问题时的具体应用

方法。在本节的内容中,我们将从第一个问题开始详细学习这个过程。也就是遇到问题之后,先寻找问题的成因,从而明确自己应该做什么。

【听曹操讲故事】

平定中原之后,我终于可以和袁绍一决雌雄了,而这一战将彻底奠定我在北方的霸业。为此,我首先派臧霸进入青州前线,在北海等地设防,稳定我军的左翼。接着又命大将于禁到黄河南岸驻军,监视袁绍军队的动向,等待决战的时机。

严格来说,我和袁绍的关系不错,算是从小玩儿到大的朋友。不过跟我不同的是,袁绍家里是正经的官宦士族,而且还是"四世三公"。换句话说,就是他的太爷爷、爷爷、爸爸都做过大汉的高层领导。因此,他家的势力极大。在我潜心发展的这几年里,袁绍先后取得了冀州、青州、幽州、并州,几乎囊括了黄河以北的所有土地。兵精粮足,身经百战,名将数不胜数,袁绍根本不把我放在眼里。

实际上,袁绍的想法也没有错,尽管我已经平定了中原,但跟他的力量比起来,还是相去甚远的。加上经过多年的战争,我手里的土地早已荒废破败,能投入的兵力也不过几万人而已,剩下的大多是老弱病残。对我来说,想打赢这场仗,简直难于登天。

建安五年二月,袁绍的大将颜良向我发动进攻。我亲自率兵前往白马解围。纵然手下的关羽勇猛异常,直接在阵前斩杀了颜良,暂时解除了危机,但袁绍军队那可怕的战斗力仍然让我无法抵挡,因此我只能沿着黄河向西撤退。袁绍在得知这一消息后,立刻派文丑来追击。我再一次施展计谋,让关羽率骑兵来了个出其不意,斩杀了文丑,算是取得了胜利。然而我仍然得继续撤退。

没办法,我是真的打不过袁绍啊!

八月,我率兵来到了官渡,这已经是我最后的防线了,面对袁绍军队报复性的进攻,我将仅有的部队分开坚守营寨,勉强与之僵持。虽然袁军因为久攻不下,已经显出疲态,但我的处境更加艰难。只要走错一步,就会万劫不复。

对此,我只能继续等待机会。

【故事分析】

官渡之战的故事还没有结束,但前半部分的故事,已经可以让我们初步看到解决问题的具体过程了。这种在极度劣势下,对自己"该做什么""该不该这样做"

以及"该怎样做"的仔细思考,是非常值得我们学习和借鉴的。

解决问题的第一步:对问题的框架进行界定

在问题和困难来临的时候,我们首先要做的就是分析"我应该做什么"。

本节故事中的曹操所面临的问题是"尽管我平定了中原,依然很难与袁绍抗衡,但我必须打这场仗"。看到这里,可能我们会觉得这个问题是很容易判断的,曹操要做的就是打败袁绍啊。

但实际上,界定一个问题的框架,并不是这种宽泛的分析。这就好比我们在一次考试中没有取得好成绩,接下来应该怎么办?回答当然是努力学习。但这个答案并不能给我们提供有效的解决方案。因此,对于问题框架的界定,一定是一个具体的且能够指导我们行动的分析。这需要我们对问题进行仔细的思考。

例如,曹操在面对这个问题时,不是单单要思考如何战胜袁绍,而是在兵力不足、粮食不多、地盘不够大、对方主动攻击的情况下,如何战胜袁绍。

当问题被详细界定之后,便能针对框架中的条件,延伸出更加详细的信息。

例如,兵力不足,意味着不能与之正面对抗;粮食不多,意味着不能长期作战,须速战速决;地盘不够大,意味着不能有失误,一旦失误对方就能直接吞并我方所有的地盘;对方主动进攻,意味着我方没有准备的时间,必须立刻予以还击。

以上便是对问题框架的详细界定。通过这样的分析,再回到我们最开始问的问题,自然就会更加明确"我应该做什么"了:

即我应该在不正面对抗的情况下,尽量没有一点儿失误地用最短的时间解决战斗。

接下来,我们看第二个问题:"我应不应该这么做?"

或许从我们后世的角度来看,曹操是必须与袁绍进行决战的。但如果换到曹操当时的角度,这并不是唯一的选择。

例如,既然我处于劣势,那么我为什么不选择妥协呢?割让一些土地,或者出卖一些利益,抑或找机智的谋士去陈说利害,甚至是借着过去的友谊假意归降袁绍,

都可以啊。所谓"留得青山在,不怕没柴烧",干吗非要打这场仗呢?

由此我们可以看到,面对问题时,应不应该采取某些措施,其实是一个比较复杂的思考过程。毕竟解决问题的办法有很多,选择什么样的方式来解决,仍然需要我们进行思考。

例如,曹操和袁绍所处的环境是东汉末年的乱世,诸侯之间是你死我活的战争。袁绍已经占据了河北,想要扩大自己的势力,就必须占领曹操所在的中原地区。因此就算可以求一时的安稳,两个人之间也必有一战。假若出卖利益换取暂时的和平,等到日后战端再起,曹操就会更加被动。

至此,三个问题我们已经回答了两个,而这两个问题就是界定问题框架的过程了。下面我们再来解答第三个问题:"我该怎么做?"

解决问题的第二步:结构化地分析问题

想要解决问题,就必须付诸行动,因此"我该怎么做"这个问题的答案,不仅要针对问题的框架——分析,还要得出可以付诸行动的具体结论。而想要分析问题的框架,就必须使用之前所说的内容,即使用逻辑顺序思考相应的内容。

1. 兵力不足,不能正面对抗,该怎么做?

避免接触袁绍的主力,尽量使用奇袭、夜袭或突击的方法,打对方一个措手不及,防止过大的兵力消耗,尽量找机会赢得战斗。

2. 粮食不多,不能长期作战,该怎么做?

想要速战速决,就必须善于捕捉战机,只要抓住对方的失误,便能一举战胜对手。

3. 地盘狭小,不能有失误,该怎么做?

稳扎稳打,步步为营,不做任何轻敌冒进的举动,即使获得优势也不能放松。

4. 对方主动进攻,没有准备时间,该怎么做?

尽量防守,稳定局势,以最小的代价削弱对方的锋芒。

通过以上对问题框架的结构分析,我们很容易发现,这属于三种逻辑顺序中的结构顺序。组成问题的所有部分都是相对独立的,既没有重要性的区别,也没有因果联系。由此可见,曹操要战胜袁绍,就必须同时做到以上所有内容,不可谓不艰难。

第四章 大显身手：学会解决问题

在故事中，曹操面对袁绍的主动出击，都是让关羽带骑兵斩杀对方的大将，避免了过度损失兵力和正面对抗。而在取得胜利后，也都选择了撤退，并没有乘胜追击。其做法是符合分析结果的。

解决问题的第三步：找到问题的解决方案

通过以上分析，我们虽然已经对面临的问题有了清晰的认知，但并没有真正地解决问题。这时要做的就是进一步找到解决问题的方案。不过，由于之前已经有了详细的分析，所以解决问题的最终方法，只要简单总结就能轻易地得出。

在上面的四条分析中，我们很容易发现，所有的内容最后都直接或间接地指向了要等待时机的做法，也就是等待对方出错，然后战胜对手。在军事战术上，这种做法叫作防守反击。这便是曹操解决问题的最终方案。

解决问题的第三步，在实际生活中往往容易被忽略。因为在界定问题的框架时，已经可以得出一些能够执行的具体方法，并且可能会取得一定的效果。所以有时候，我们就会忘记还没有从根本上解决问题，从而造成某些

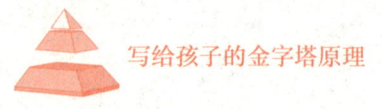

遗漏和隐患。

生活中的问题是多种多样的，解决一个问题往往需要很长的时间，因此我们必须将三个步骤全部思考清楚，才能完善地解决每一个问题。

【生活中的案例】

你在老师的要求下，报名参加了学校的演讲比赛。但是你觉得老师给你选择的题目并不是你所擅长的内容。在这种情况下，你该怎么做呢？

【案例分析】

这个问题看似简单，实际上问题之间却有着很多相关的其他因素。

例如，老师选择的题目虽然不是你擅长的，但是相对来说，老师的选择更符合比赛的要求，可以让你在比赛中获得更大的优势。

当问题中出现多个影响因素时，我们便要通过界定问题并结构化地分析问题，来确定自己接下来应该采取的行动。

例如，你的最终目标是赢得比赛，选择的题目擅长和不擅长，都是在这个目标下展开的。因此，你的问题

并不是选择哪一个题目,而是如何赢得比赛。这便是你的问题框架界定。

在这个框架下继续分析问题中出现的因素,你就能发现,想要赢得比赛首先应该选择更适合比赛的题目,而不是自己更擅长的题目。

因此,你应该选择老师为你选择的题目作为演讲内容。

【本节总结】

1. 解决实际问题前,要想清楚的三个问题:我应该做什么?我应该这么做吗?我应该怎么做?

2. 解决实际问题的三个步骤:界定问题的框架,回应前两个问题;结构化地分析问题,回应第三个问题;找到解决问题的方案,让问题得到最终的解决。

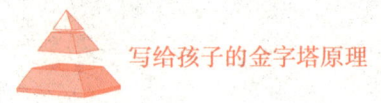

第二节 建立问题的框架

在解决实际问题时,第一步便是界定问题的框架。而这个框架的界定,将决定你是否能在最后得到妥善的解决方案,也是解决问题的基础和核心。因此有必要详细解读一下。

具体来说,我们所面临的问题,其实就是现在已经拥有的"现状"与想要达成的"目标"之间存在一定的差距。那么解决问题的本质,就是采取一系列行动,弥补现状与目标之间的差距。

在现实生活中,我们的"现状"不可能是平白无故出现的。之所以会形成目前的问题,一定是因为在此之前已经存在了很多特殊的条件。因此,想要准确界定问

题框架,就需要我们先对问题的形成原因进行分析,这便是建立问题框架的过程。

【听曹操讲故事】

自从我退守官渡之后,便一直在苦苦坚守,而这一守就是两个多月。尽管我早就确定了对付袁绍的策略,准备等他出现弱点时,给予其致命一击。可问题是,袁绍的弱点还没出现,我就已经要坚持不住了。

打赢一场战役,其实并不取决于你有多少能征善战的将领,或者有多少身经百战的士卒,而是取决于你的后勤补给能不能跟得上。说白了,就是粮食够不够吃。一旦出现了军粮短缺的情况,无论多么精锐的部队,都会一触即溃。

袁绍身处的河北物资丰富,十几万大军能够得到源源不断的粮草。而我所在的中原才刚刚平定,可谓满目疮痍、百废待兴。两个月的坚守,已经让我的粮草见底了,但凡再多打一天,我的军队就会直接崩溃。

然而,我等待的时机还是来了。

就在我即将放弃的时候,袁绍的谋士许攸因为向袁绍献计不被采纳,同时又因为亲属犯法受到了责罚,一怒之下转而来投奔我,并且给我带来一个可以扭转整个战局的情报，那就是袁绍的粮草全都存放在乌巢，而且只有淳于琼所部万余人负责守备。

真是天助我也！淳于琼这个人我很熟，当年我在洛阳加入西园八校尉的时候，他也是其中之一，是个有勇无谋的家伙。没想到袁绍居然叫这样一个人看管如此重要的粮草，那就别怪我不念旧情了！

当晚，我调集了手里最精锐的五千骑兵，沿小路急速行军到乌巢，趁着守备没有防范之时发起奇袭。一场大火下来，袁绍的粮草被烧得干干净净。即使如此，袁绍仍然不死心，还认为这是与我决战的好机会，竟然直接派兵进攻我的大本营。

没有了粮草，他此战败局已定，这时候派人来攻打我，将领怎会奋勇作战？前来攻打我大营的将领张郃、高览向我投降，剩下的袁绍军队当即溃散，再也没有了跟我抗衡的能力。

这场官渡之战的最终结果，便是我以极小的代价大获全胜，成为历史上以弱胜强的著名案例。

【故事分析】

官渡之战以曹操取得最终胜利而结束，此战奠定了曹操在北方的统治地位，直至后来的三国鼎立时期，这

一地位也始终没有变过。如果我们仔细分析这个故事，就会发现一个有趣的现象，那就是这个故事虽然紧接着上一节的内容，但曹操对问题的界定过程是截然不同的。

我们曾分析过，曹操想要战胜袁绍，需要速战速决。但本节故事中，曹操前期一直在坚守，明显违背了之前的分析结果。

实际上，出现这样的情况并不奇怪。因为解决问题的过程并不是一成不变的，而是会随着环境的不同而随时变化。正如我们在开篇时强调的，解决实际问题一定不要刻意地套公式，而是要灵活使用原理中的各种方法。

换句话说，问题的成因由多个条件构成，而解决问题通常是一个长期的过程。随着时间的推移，构成问题的条件会产生诸多的改变。因此，必须要学会时刻关注这些条件的变化，并对我们的行动做出调整。

分析问题产生的背景

问题产生的背景是问题出现时的具体环境。通常情况下不需要推理，可以通过现实的环境直接得出结果。

例如，在本节的故事中，问题已经由之前的"我如何战胜袁绍"转变为"我应该等待一个怎样的机会反败为胜"。这个问题发生转变的背景，便是曹操的粮草供给出现了很大的问题，让他无法继续进行后续的作战。

问题发生变化，一定是问题出现的背景发生了变化。由此可见，只有明确问题出现的背景情况，才能进行下一步的分析，从而得出真正解决问题的方法。

分析问题产生的特定条件

知道了问题产生的背景后，接下来便是对问题出现的具体条件进行分析。

例如，在故事中，曹操的粮草供给出现问题，而袁绍方面的粮草十分充足。这个特定条件使曹操意识到自己很可能会输掉这场战争。因为就这一点而言，袁绍能继续坚持战争，曹操却不能。

特定条件和一般的构成条件并不相同。以往我们在分析和思考问题的时候，经常会罗列出很多内容进行分析。但那些都是构成问题的普通条件，也就是普遍情况下促使问题出现的成因。当问题开始随着时间出现变化时，这个让问题发生变化的条件便成了特定条件。

因此，我们在解决一个长期的问题时，想要及时针

第四章 大显身手：学会解决问题

对问题的变化进行调整，就必须从这些特定条件入手。

官渡之战的转折点，是许攸向曹操投诚，暴露了袁绍的囤粮之所。而曹操的问题正好就出现在"特定条件"，即粮食供给的变化上。于是，曹操立刻展开对乌巢的奇袭，从而改变了整个战局。这便是针对"特定条件"及时调整解决问题的方案。

【生活中的案例】

你代表学校参加一次市里的手工制作比赛，经过一段时间的准备，终于取得了成果。可就在距离比赛还有几天的时候，一条有关环境保护的新闻引起了很多人的关注。这种情况下，你应该怎么做？

【案例分析】

参加手工比赛和关于环境保护的新闻，两者之间似乎并没有什么直接的联系。但是当我们的目标是想要赢得比赛时，这则新闻就很有可能成为我们完成目标的"特定条件"。

例如，手工制作作为一项实践活动，如果能够跟社会生活联系起来，就必然会获得更多的支持。因此，这条新闻是可以被我们所用的，尤其是原本的作品可能并

不是十分出彩的时候。我们可以利用剩下的几天时间，对作品进行一定的改动，赋予它和环境保护相关的内涵。如此一来，便能为赢得比赛创造更大的优势。

【本节总结】

1. 问题是现在已经拥有的现状与想要达成的目标之间存在的差距。

2. 准确界定问题的框架，需要对问题产生的背景以及特定条件进行分析。

第三节 结构化分析问题

结构化分析问题，是解决问题的第二步。本质上是分析问题的成因，也就是运用三种逻辑的思考顺序，将问题分成多个方面。需要注意的是，这里的分析过程，依然要时刻关注问题的变化，并根据变化对问题的结构做出相应的调整。

由于所面对的具体情况不同，有些问题可能在界定问题框架的时候就已经有了明确的问题结构，因此，这个步骤可以省略，不需要再重复地思考。如何灵活地使用结构化分析，便是我们本节要学习的内容了。

【听曹操讲故事】

记得那是建安九年，兵败官渡的袁绍已经病死了，他的两个儿子为了争夺剩余的地盘发生了火并，最后让我得了渔翁之利。由此，我将势力扩展到了河北。

可能很多人都有一种错觉，那就是我打赢了官渡之战便彻底平定了北方。其实不然，官渡之战只是一个开始，在那之后，我用了整整七年的时间，才彻底剿灭了袁绍的残余势力。这个过程虽然没有官渡之战那样艰险，却也是十分辛苦和漫长的。

建安十二年，北方的乌桓为害边疆，那时我知道，属于我的征程才刚刚开始。

大汉四百余年，北方的游牧民族一直都是汉室的心腹大患。而袁家的残党袁尚和袁熙在我的追击之下，果断投靠了乌桓，图谋东山再起。面对袁家的残余势力以及为祸地方的乌桓，我自然是要将其彻底歼灭的。

于是这年的五月，我率军来到蓟县。当时正值雨季，道路泥泞难行，行军十分艰难。手下很多将领都劝我放弃，然而在我看来，如果不能平定北方的边境，我便不能将精力投入到南方。中兴汉室，称霸天下的大业也就无从谈起了。因此，我不顾众人的劝阻，哪怕道路泥泞只能勉强行军，也要完成征讨乌桓的目标。

八月，乌桓主力与袁家的袁尚、袁熙开始与我正面

交锋,人马足有数万之众。我当即派大将张辽与之交战,趁着乌桓军队阵势不整,发动了猛烈的进攻,最终大获全胜。此战之后,袁尚和袁熙再次逃走,投奔了占据辽东的公孙康。

这一次我没有继续追击。公孙康势力虽小,但比乌桓更懂得作战,而且盘踞在辽东多年,根基很深。我的军队本就劳师远征,此时再去作战,很难讨到便宜。况且我相信,袁家欺压公孙康多年,如今若不是我大军压境,公孙康不可能收留他们。此时我若全力进攻,公孙康必定会跟袁家携手抗敌,反之,当我撤退后,他们则会发生矛盾,最后两败俱伤。

果然,不久之后,公孙康便将这两个残党的首级献到了我的帐下。至此,我终于结束了北方的战乱,下一步就是荆州和江东了。

【故事分析】

在这个故事中,我们可以看到,曹操的目标一直是非常明确的,那就是要统一北方,从而让自己的精力转到南方,最后成就称霸天下的宏伟事业。然而,尽管曹操的目标是明确的,但他对于袁家残余势力所展开的行动是截然相反的。

我们不禁要问,为什么在袁尚与袁熙投奔乌桓时,曹操要克服困难展开追击?而在他们投奔公孙康时,却撤军了呢?

结构化分析,需要用动态的眼光收集信息

根据之前所学,我们知道解决问题的第一步,是对问题的框架进行界定。

在本节的故事中,问题的框架可以被界定为:"我该如何彻底剿灭袁家的残余势力,从而让北方成为我今后霸业的大本营?"

根据这个问题的延伸,我们可以进一步得出问题的详细框架:"剿灭袁家势力的核心,才能防止袁家在我离开后凭借以前的影响力再次叛乱。"

至此,问题的框架已经十分明确了,下一步便是结构化分析问题。

乌桓作为北方游牧民族,本就对中原虎视眈眈,而且由于袁家长期盘踞北方,跟乌桓的关系很好。所以当袁家残党投奔乌桓之后,两者很容易会达成共同的目标,一起在北方掀起叛乱。因此必须要剿灭他们。

由此可见，在这个阶段，曹操之所以要克服一切困难追击袁家残党，就是为了解决相应的问题，完成最终的目标。但是在这一战后，袁尚和袁熙逃走，此时问题的结构也随之发生了改变。

之所以袁家残党投奔乌桓后必须要予以追击，是因为乌桓乃异族，一旦成势危害过大。公孙康却是正经的地方豪强，且只在辽东一隅。尽管他们都收留了袁家残党，但性质是完全不同的。

在之前的内容中曾介绍过，结构化分析就是分析问题成因的逻辑顺序。而根据以上的分析，因为两者的性质不同，重要性也就有所差别，所以需要按照程度顺序进行思考。

很显然，袁家残党投奔乌桓的后果要比投奔公孙康的后果可怕得多，所以对袁家残党投奔乌桓的行为必须予以打击。

通过以上分析我们可以看到，虽然袁家残党先后两次的行为没有变，并且曹操自身的目标也没有变，但由于投奔的对象发生了变化，曹操给出了两种截然相反的解决方案。这其中的关键，就是曹操在解决问题时，敏

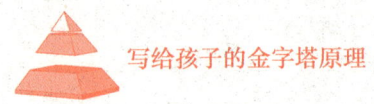

锐地注意到了相关信息的变化,从而改变了原有的策略,来实现最终的目标。

结构化分析,需要识别关键信息

在结构化分析问题时,仅仅做到时刻关注信息的变化是远远不够的。毕竟随着问题的发展,信息出现的变化也是十分复杂且多样的。如果不能找出其中最重要的关键信息,那就只会让我们解决问题的过程变得异常复杂辛苦。

例如,在故事中,问题中出现变化的信息是乌桓和公孙康两者性质不同。两者的不同点有很多,可能是占据的地理位置不同,可能是拥有的兵力不同,也有可能是君主的性格不同,这些都是问题相关信息出现的变化。而根据这些变化,每一条信息都能让曹操采取不同的解决方案。

因此我们可以发现,所谓的"关键信息",其实就是对问题改变最大的信息。这个信息的变化本身可能很小,但对问题的发展可以起到至关重要的作用。

例如,虽然乌桓和公孙康的不同点有很多,但曹操要关注的关键信息,是基于他要剿灭袁家残余势力而产

生的。因此只要在这些不同点中找到跟袁家相关的内容即可。于是我们可以发现，乌桓和袁家的关系相对友好，而公孙康却经常遭受袁家的打压，那么自然可以推断出，公孙康和袁家存在矛盾的结论。最后，曹操认定公孙康会杀了袁尚与袁熙，从而主动退兵的行为，也就非常合理且正确了。

结构化分析问题的步骤合并

通过以上分析我们可以看到，结构化分析问题，实际上就是在界定问题框架之后，对与问题相关的信息展开一系列分析和关注。如果我们手里的信息已经足够充分，在界定问题框架的步骤中，就已经可以完成对问题的结构分析，那么这个步骤就可以省略了。

例如，假设袁尚和袁熙一开始就投奔了公孙康，那么曹操在界定问题的框架时，就能提前将两者的矛盾考虑在内，与之相应的问题结构也就十分明确了，因此便不需要再浪费时间进行结构化分析了。

【生活中的案例】

新学期伊始，学校号召每个班级都组织自己的篮球队，学校也会组织全校篮球比赛。你作为体育特长生，

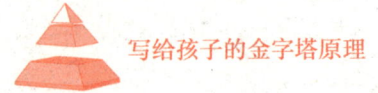

主动承担起了班级篮球队队长的职责,每天都组织队员们进行训练。但期中考试结束后,你的文化课成绩并不理想。与此同时,篮球比赛也已经开始了,这时你应该怎么办?

【案例分析】

结构化分析问题,需要用长期的眼光看待问题的发展与变化。

最初你担任篮球队队长,为的是发展自己的特长,进而在比赛中取得好成绩,为班级争光。随着时间的推移,赢得比赛的问题已经变成了你的文化课成绩和篮球特长之间的矛盾。在这个时候,就需要我们根据相关信息的变化,重新分析问题的结构。

问题发展中的关键信息产生变化,会让问题产生根本性的改变。

文化课成绩不理想,需要你努力学习提高成绩。比赛的开始,则需要你取得名次,为班级争夺荣誉。两者在结构中,都是你提高自己的重要组成部分。但是仔细分析两者出现的变化就会发现,学习成绩的提高不在于一时的努力,而是一个长期的过程,反而是比赛的开始

让你要完成的目标变得迫在眉睫。

在这种情况下，应该先努力完成比赛，然后安心进入接下来的学习之中。

【本节总结】

1. 结构化分析问题，需要动态收集与问题相关的信息。

2. 结构化分析问题，需要识别其中的关键信息。

3. 结构化分析问题作为解决问题的第二步，可以根据掌握的信息，和第一步进行合并。

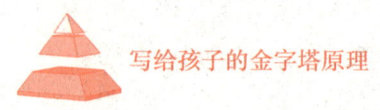
写给孩子的金字塔原理

第四节　解决问题的最终方法

有时候我们的生活会出现某个问题，让我们感觉无从下手。究其原因，是这个问题对我们来说，有很多"未知"的不可掌控的信息。而实践解决问题三个步骤的过程，实际上就是通过对"已知"的信息进行逐步地推断与分析，将"未知"变为"已知"的过程。最终找到解决问题的方法，便是完成这个转变的最后步骤。

【听曹操讲故事】

北征乌桓之后，我又迎来了人生和事业的转折点。不过，不是胜利的转折，而是失败的转折。

建安十三年，我为了心中统一天下的霸业，挥师南下。开始的时候势如破竹，一举就将新野的刘备打得丢盔卸甲。紧接着荆州的刘表病逝，其子刘琮接任，面对

第四章 大显身手：学会解决问题

我的大军压境不战而降。占据了荆州的我，只要一鼓作气吞并江东，那千古霸业便指日可待了。

然而，就在这个时候，逃到江夏的刘备和江东的孙权联合，随后周瑜连施诡计，先是使用苦肉计让黄盖诈降，后用火攻烧了我的水军，让我吃尽了苦头。这便是历史上著名的赤壁之战。

这一战，我输得很彻底。江东的水军让我意识到，想越过长江天险是一件多么困难的事情。巨大的损失让我短期内无法发动大规模的战争。而刘备那个"大耳贼"趁着我恢复力量的间隙，占据了荆州，进而又吞并了益州。所谓"三分天下"的局势就此展开。

在这期间，虽然我也出兵平定了西凉马超的叛乱，但是这种规模的战斗已经离那个称霸天下的梦想越来越远了。

直到建安二十年，眼见益州的刘备准备图谋汉中，我再也不能坐视不管，当即起兵十万，先一步占领了汉中，并与刘备展开了汉中之战。但这一战我再一次失败了。正式退出汉中的时候已经是建安二十四年，我知道自己所剩的时间已经不多了。

那一年，刘备乘胜追击，派关羽进攻襄樊城，而我的身体已经不能支撑我再去指挥一场战斗了。于是我派出了大将于禁援救樊城,后又派徐晃负责援救。但最后的结果仍然是失败。关羽水淹七军威震华夏,如果不是孙权派吕蒙偷袭荆州,我很有可能输得更惨。

就这样,又过了一年,也就是建安二十五年。属下都劝谏我称帝。可实际上,我从一开始做这一切,就没想过自己当皇帝。

我只想平定这个乱世,成就一番丰功伟绩而已,这个想法自始至终都没有变过。

那一年我六十六岁,那一年我的头疼病越来越厉害,那一年我的故事终于结束了。

【故事分析】

纵观曹操的一生,自从赤壁之战后,连续遭到的失败导致他最终没有完成自己的理想。在这些失败中,既有历史的必然,也有曹操自己在解决问题时出现的失误所致。在这些失败的案例中,依然可以找到供我们学习的智慧。

需要注意的是,从历史人物的经历中分析他们的思想,不能站在历史的宏观角度去思考,这样很容易让我们的思考流于表面。换句话说,就是不能以一个后人的

第四章 大显身手：学会解决问题

视角看待前人的过往。而是要将自己代入人物当时的处境，再分析人物所面对的问题。

例如，从历史的角度来看，曹操在经历过官渡之战后，战争经验和思想一定是当世最为丰富的。因此在赤壁之战时，他就应该把问题考虑全面，不应该出现那样的失误。但如果代入曹操自身的处境来看，他前半生的对手都是比他强大很多的势力，他必须思虑周全，容不得出半点儿差错，否则就会万劫不复。尽管他经常处于劣势，但是最终都获得了胜利。到了赤壁之战的时候，面对一个手下败将刘备和江东一群没打过什么仗的后生晚辈，曹操必然会出现轻敌的思想，出现失误也是可以理解的。

回到我们的学习内容上，无论是分析曹操的故事，还是解决自己生活中出现的问题，界定问题和分析问题都是极其重要的步骤。简单的主观判断是很容易出现失误的。因此，我们必须切实分析问题中出现的信息，按照所学的内容，逐步推理出解决问题的合理方案。

通过"已知"推理"未知"

当一个问题出现时，我们要思考这个问题该如何解决，问题产生的背景和条件以及所有跟问题相关的信息，都是我们"已知"的内容。而解决问题的第一步就是通过已知条件，推理分析出未知的信息，实际上这就是我们之前讲的前两个步骤，即界定问题的框架与结构化分析问题。

在本节的故事中，曹操之所以会在赤壁之战中失败，最根本的原因就是没有从"已知"中分析出"未知"，而是纯粹凭借"已知"的信息，进行主观的推断。

具体来说，赤壁之战失败的直接原因是曹操相信了黄盖的诈降。其实作为一个善于使用计谋且经验老到的军事家，他完全可以避免这个失误。他之所以会中计，就是因为在曹操的"已知"信息中，大战前得到对方将领的投降，是很正常的事情。

就像在官渡之战中，袁绍的谋士许攸和大将张郃、高览的投降，还有讨伐吕布时陈登父子与宋宪、侯成的投降，吞并荆州时的刘琮……在曹操以往的经验中，这样的例子实在是太多了。因此在黄盖表示投降时，曹操很容易就相信了这件事情。

通过分析与思考将"未知"转化为"已知"

通过以上分析不难发现,解决问题的核心是对问题的思考,包括界定问题的框架,分析问题的结构,并针对结构中的条件找出相应的解决方案。同时还要时刻关注问题条件中出现的变化。在变化的过程中,需要不断将"未知"转化为"已知"。

在本节故事中,曹操经历了赤壁之战的失败后,已经发现以当时的条件他很难再实现统一天下的理想了。因此,在后来的几年中,他一直在努力发展北方的势力,直到刘备攻打汉中时才再一次出手。汉中之战的失败,则是因为曹操仍然没有认识到刘备这个曾经的手下败将已经拥有了跟他分庭抗礼的实力,因而再一次输掉了这场关键的战争。

灵活运用原理解决问题的理念,我们之前已经多次提到过。其实在管理学中,关于这方面的内容有一个十分著名的理论,即"费德勒权变理论"(以下简称权变理论)。

权变理论是指 20 世纪 60 年代末 70 年代初在经验主义学派的基础上进一步发展出来的管理学理论。主要由于在这个时期，西方世界的资本主义在高速发展的过程中出现了许多复杂因素，如社会动荡、文学艺术普及、思想变革、石油危机等。这些在过往的企业发展中是没有集中出现过的。这就导致过往的企业管理理论无法应用于复杂且多变的社会环境，企业的经营发展出现了极其不稳定也不确定的情况。因此，企业要处理好瞬息万变的外部环境，就必须随机制宜地处理各种问题，权变理论由此开始兴起。

权变理论认为，每个组织的内在要素和外在环境都不相同，因而在处理问题时不存在适用于所有情景的原则和方法。由此可见，解决实际问题时，"已知"和"未知"的信息都会发生我们无法预料的改变，所以当我们掌握了相关的内容后，学会灵活运用这些方法才是真正将所学应用于实践的关键。

【生活中的案例】

新学期，你在学习中遇到了很多困难。随着课程内容的深入，原来的学习方法已经无法应对现在的学习任务。这时你应该如何改变自己的困境呢？

第四章 大显身手：学会解决问题

【案例分析】

当原来"已知"的内容无法应对"未知"的问题时，应该及时分析问题出现的情况，尤其是与之前相比出现变化的信息。这样才能逐步找出解决问题的方案。

例如，课程内容的深入是造成变化的主要原因。因此，首先要分析出现在的课程到底出现了哪些变化，是学习的内容变多，还是学习的内容更加复杂，抑或出现了没有接触过的知识点。

根据这些变化，再来看看我们之前的学习方法。或许是原来的学习时间已经不能满足现在学习内容的需要，或许是原来的理解方式无法应对更加复杂的内容，抑或对于新知识点没有进行更好的思考和理解，以此类推。在把握"已知"的基础上，根据自身的情况与条件，逐步找出相应的解决方法。

【本节总结】

1. 解决问题的过程，是对"已知"信息的逐步推导与分析，将"未知"变为"已知"的过程。"分析或找出解决问题的方案"，是将"未知"转为"已知"的关键步骤。

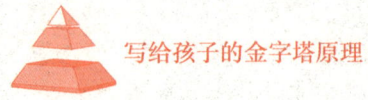

2.在处理实际问题时,要注意根据具体条件使用权变理论。

第五章

触类旁通：提高写作水平

　　在学习中，写作文是我们经常会遇到的情况，作文分数的高低在很大程度上决定了我们的考试成绩。在日常生活中，我们也经常会有用到写作的情况。实际上，文字的表达和语言的表达在本质上都是一样的，都属于内容的输出，因此两者之间必然存在着一些相通之处。接下来，就让我们将之前所学的内容融合到一起，来提高写作水平吧。

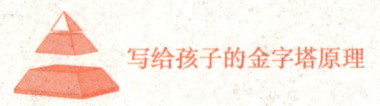

第一节　让文字表达更加高效

写作水平的提高，大致可以分为两方面：一是通过更加优美和精彩的词句，传达出我们想表达的内容，这需要长时间的积累和练习，也就是我们经常所说的文采；二是通过建立文章的结构，传递出更加深刻且丰富的内容，也就是我们常说的写作思路。

金字塔原理在写作上的应用，就是搭建起文章的框架，让我们的文字表达更加高效。

【看曹操的文章】

《孙子兵法序》译文

我听说远古时候就有弓箭的应用，《论语》上说："国家要有足够的武装力量。"《尚书》中提到的八样政事

中就有"军事"这个类别。《周易》上记载道:"出兵是正义的,主帅就吉利。"《诗经》则记载道:"周文王赫然震怒,于是整顿他的军队。"从古至今,轩辕黄帝、商汤王、周武王都是用武装力量来拯救社会的。

《司马法》上说:"谁故意杀死无罪的人,就可以杀他。"可见,单靠武力的要灭亡,只讲"仁义"的也要亡国,吴王夫差和徐偃王就是两个例子。圣人用兵,只做准备,必要时才动用,是不得已而用兵啊。

我读过的兵书和战史很多,其中孙武所著的兵法写得十分深刻。孙子,名武,乃齐国人。他曾经为吴王阖闾作《兵法》十三篇。当年吴王让他按照兵法训练妇女,最终任命孙武为将军,并打败了强大的楚国,攻入了楚国的郢都,还威胁到了齐国和晋国。百余年后又出现了军事家孙膑,据说其正是孙武的后代。《孙子兵法》中所记载的内容,例如,周密地制订作战计划和慎重地采取军事行动,都是十分明确和深刻的,是不容曲解的。

然而,迄今为止人们还没有对这本兵书做过深刻透彻的解说,况且文字繁多,流行于世间的内容十分杂乱,已经失去了原作的精神实质,所以我决定对其加以删定和注解。

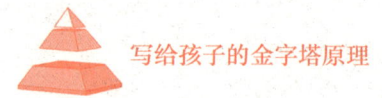

【文章分析】

曹操作为东汉末年杰出的历史人物，不仅是军事家和政治家，同时也是一位优秀的文学家，而且还是第一个为《孙子兵法》做注解的人，可见其才华横溢。这篇文章便是曹操注解版《孙子兵法》的开篇，讲述了他决定整理这本兵书的原因和宗旨。

尽管这篇序言的字数并不多，但其中的内容极为丰富，因此可以为我们强化写作水平，尤其是建立文章的结构，提供很多值得学习的经验。

突出文章的结构与节奏

在语言表达的相关内容中，我们曾多次提到过"节奏"和"结构"的概念。实际上放在写作中也是一样的。

文章的结构，即将你想表达的内容通过归纳总结的方式，分组归类，提炼出每部分的思想，并最终完成金字塔模型的搭建。而文章的结构，就是你脑海中的金字塔模型。

文章的节奏，即将金字塔模型的内容按照逻辑关系重组，以一种更加吸引人的方式传递出来。

第五章 触类旁通：提高写作水平

明确了这两点后，我们再来分析选文的内容。

第一段中引用了很多文学典籍里的记载，先是说明了国家必须要注重军事，军队建设是必不可少的。接着又指出，军队出征必须是正义的，最后再通过轩辕黄帝等人的例子，说明军队的作用是来拯救社会的。

不难发现，在第一段里，每句话的内容都是在层层递进的，都是在上一句的基础上，继续延伸出更丰富的内容。这样做的目的，就是要让读者意识到，军队的存在是十分重要的，而且军队是为了拯救社会而产生的。

第二段中继续引用其他书中的内容以及前人的例子，用以阐述对一个国家来说，拥有军队的同时也要怀有仁德之心，不到万不得已不能用兵。

在这一段中，曹操仍然在延续第一段的内容，并将内容再度递进。说明了用兵一定要拥有正义的理由，随意发动战争只会自取灭亡。看到这里，我们可能会有一些疑惑，曹操为什么要在前两段写这些内容呢？他的目的到底是什么？

文章的结构是为核心内容服务的

我们在写作时，无论是写一件事，还是说明一个观点，抑或介绍某样东西，其目的都是给读者传递出某个核心的内容。因此文章的结构本质上就是要让读者能够更好地接受这个核心内容。

在这篇文章中，曹操想说明的核心内容就是他整理《孙子兵法》的初衷和原因。在当时的社会环境下，各路诸侯之间战争不断。大多数人对军事和军队都有一种抵触情绪，觉得军队只是地方豪强争夺地盘的杀戮机器，自然也就不会对一本兵书感兴趣。

因此曹操在前两段引用各种文献以及前人的例子，说明军队的作用和军队的正义性。这样一来，读者便能更好地接受后面的内容了。

在第三段中，曹操写到了孙武和孙膑的经历，介绍了《孙子兵法》的来历，说明其具有悠久的历史，是一本非常有意义的书。

最后一段总结，则是在这个基础上递进，即这么有意义的一本书居然没有人整理，所以我必须要做这件事。

通过对整篇文章进行分析，我们可以发现，虽然前两段和后两段的内容截然不同，但前两段中说明的观点是在为后两段做铺垫。整体上，这些内容都是在为核心内容服务。

【生活中的案例】

语文考试中，作文题是写一篇记叙文，具体要求是写一件让你感动的小事。这时你应该如何组织文章的结构？

【案例分析】

想在作文中获得高分，首先要读懂题目的要求。

记叙一件生活中的小事并不难，难的是如何通过一件小事，表达出感动的情绪，而且这种情绪不能仅仅是你自己的感动，必须要让读者感动。

读懂了题目之后，我们要做的就是根据这个内在的要求，来思考文章的结构。

我们常说写作文要写出真情实感，但真情实感并非多么华丽的语言，而是作者的思想和情感被读者接受并认同。

因此在写这篇作文的时候，选择一件合适的事情进行叙述只是一方面，另一方面则是在结构中突出你的情感转变，通过这种转变让读者认同你的情感。

例如，开篇写妈妈给你买了一件新衣服，你非常开

心。紧接着出现转折，你发现妈妈已经好久没有给她自己买新衣服了，于是你的内心受到触动，情绪从开心转为了感动。这种情绪变化，是随着事情的发展而产生的，有合理的逻辑递进，也有清晰的节奏。那么这种感动的情绪，自然可以被读者所接受。

【本节总结】

1. 突出文章的结构与节奏，即构建文章的金字塔思维模型。

2. 文章的结构是为核心内容服务的，所有的内容都是围绕着核心内容展开的。

第五章 触类旁通：提高写作水平

第二节 用文字传递情感

文字表达和语言表达一样，都可以通过内容来传递情感。其中的关键，除了内容本身，便是如何通过文章的结构与逻辑上的递进，让读者接受这种情感。这需要我们在上节内容的基础上进一步延伸，将金字塔原理中的逻辑关系应用到写作之中。

【看曹操的文章】

《祀故太尉桥玄文》译文

已故的前太尉桥公，美德广布，博爱宽容，国家怀念您那些可以作为法则的光辉言论，士人思念您那些高明的谋略。如今精神已经幽远，肉体已经埋葬，离开人世已经很长时间了。

我在幼年得以跟您亲近，以愚笨的资质，受到德高望重的您的款待。我获得荣誉，提高了社会地位，都是由于您的奖掖扶助，就像孔子自称不如颜回、李生赞叹贾复一样。士为知己者死，我怀念您的知遇恩德，至死不忘。

又承您从容地和我约定："我死去之后，你路过我的坟墓时，如果不用一斗酒、一只鸡来祭奠我，车子过了三步，别怪我让你肚子疼。"虽是一时玩笑，但要不是最亲密无间的朋友，怎么会说出这样的话呢？不是相信您的魂灵发怒能使我生病，只是回首旧日的交情，想起来就悲伤。我如今奉命东征，现在军队驻扎在我的老家，北望您的故乡，心已经到了您的墓前。备送一点儿微薄的祭品，希望您来享用吧！

【文章分析】

这篇文章的写作背景正是我们前文提到的官渡之战胜利之后。曹操班师凯旋，回到老家谯县，特地去祭奠了名士桥玄并写了这篇祭文。曹操年轻时任侠好义，加上他出身宦官家庭，为士族阶层所不齿。桥玄身为名士，慧眼识人，对年轻的曹操极为赞赏，这份恩情让曹操一直铭记于心。

回到文章本身，作为一篇祭奠恩人的文章，其中的

情感必定是十分丰富的，因此认真分析其中的结构和逻辑关系，必然可以为我们的写作带来很多启示。

在文章中逐步展开逻辑关系

在书面的文字表达中，逻辑关系绝对不是生硬的介绍，尤其是这种情感本就强烈的文章。之前在学习语言表达的章节中，我们曾提到过"自上而下，结论先行"的表达方式。虽然这样的表达更加高效，但也要考虑具体的使用场合。如果用在这篇文章的背景之下，显然是不适合的。因此，如何将自己要表达的内容有条理地传达给读者并使读者产生共鸣，就需要把握内容之间的承接关系或是因果关系了。

文章的第一段内容主要是在说桥玄的功绩与作为，整体上表达了一种强烈的怀念与惋惜之情，其作用是奠定整篇文章的情感基调。

这一段内容，属于东汉碑文的习惯手法，算是一种固定格式，在文章整体中起到了总领的作用，为后面内容的展开提供了逻辑基础。

第二段内容中，曹操讲述了年轻时桥玄对自己的恩德，表达了自己对桥玄的感恩之情，并使用古人的例子

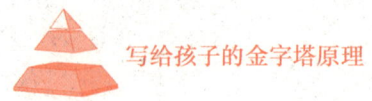

论证了这种情绪。

在第一段中，曹操提到桥玄谋略深远，因此在第二段中便写到了年轻时桥玄对他的赏识。联系当时的写作环境，曹操已经成为平定北方的豪杰，这样的成就恰恰证明了桥玄当年没有看错曹操。于是我们可以发现，在这一段中，曹操相当于用自己为例，为桥玄的才华提供了佐证，逻辑上有着十分清晰的承接关系。

这种逻辑关系在文章中表现得相对隐晦，符合我们前文提到的"逐渐展开"。

细化文章中每一部分的逻辑关系

在将逻辑关系展开之后，接下来要做的就是通过文章的内容，仔细展开每一部分的逻辑关系。曹操的这篇文章并不长，因此后面的内容只展开了一个部分，表达的情感却十分强烈。

第三段内容中，曹操用了一个颇为幽默的玩笑来展开这部分的情感。类似于我们之前提到过的"讲故事"建立文章的节奏。紧接着话锋一转，通过这个玩笑，表达出他对桥玄恩情的怀念。

第五章 触类旁通：提高写作水平

这部分的内容采用了前面章节中提到过的"讲故事"的方法，建立了背景和冲突，最后又将这种冲突转化为核心内容的一部分，使得怀念的情感在第二段的基础上得到进一步体现。

通过对整篇文章的分析，我们不难看出，每一段的内容实际上都是对前面内容的提升，在逐渐展开和细化的逻辑关系中，向读者传递了真挚的情感。

【生活中的案例】

语文考试中，作文题目是介绍一位对你影响最深的人。这时你准备如何写这篇文章呢？

【案例分析】

根据本节所讲的内容，我们首先要思考文章中应该呈现怎样的逻辑关系。

1. 呈现因果关系：记叙跟这个人发生的几件事，而这几件事分别让你有了怎样的改变和感悟，从而传达这个人对你的影响。

2. 呈现承接关系：记叙和这个人发生的一件事，先写出你一开始的想法，但是这个人的出现，使得你改变了一开始的想法，并不断递进这个转变的过程。

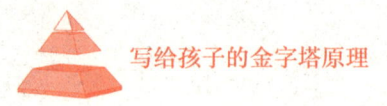

确定好逻辑顺序之后,就要思考在文章中应该如何传递情感了。

情感的传递不比其他,一定得是徐徐展开的,这样才能显得更加真挚。这就要求我们一边要把握文章整体的逻辑关系,一边构建部分中的逻辑关系,让读者有一种逐渐代入的感觉,最终接受并认同你的情感。

【本节总结】

1. 在文章中构建逻辑关系,要根据具体情况逐渐展开内容,传递相应的情感。

2. 构建部分的逻辑关系时,要注意与整体逻辑关系的承接。